顺序式模拟移动床分离过程研究及其应用

李艳 著

化学工业出版社
·北京·

内容简介

《顺序式模拟移动床分离过程研究及其应用》主要介绍了顺序式模拟移动床技术及其相关应用。首先，详细介绍了模拟移动床技术的操作模式和理论基础，包括分离机理、技术发展、工艺变型、实际应用和设计优化，其中重点介绍了顺序式模拟移动床技术。然后，围绕顺序式模拟移动床的原理和应用展开讨论，介绍了其在低聚木糖、果葡糖浆分离领域的具体应用，从实验方法、参数测定、模型选择、过程设计、多目标优化等方面进行了综合性论述。通过运行过程中的浓度分布曲线、操作条件变化趋势、出口处质量流率积累对各方案的优化结果进行了分析和梳理，同时与传统模拟移动床做了比较，充分阐述了顺序式模拟移动床的传递机理和独特优势。最后，以其与结晶过程的耦合为例，对顺序式模拟移动床技术的应用进行了拓展和展望。

本书研究结果可以为化工分离领域的其他应用提供理论基础及技术支撑，也可为模拟移动床技术的发展和应用提供新思路和新方法。

图书在版编目（CIP）数据

顺序式模拟移动床分离过程研究及其应用/李艳著. —北京：化学工业出版社，2023.6

ISBN 978-7-122-43213-1

Ⅰ. ①顺…　Ⅱ. ①李…　Ⅲ. ①模拟移动床-分离-研究　Ⅳ. ①TE966

中国国家版本馆 CIP 数据核字（2023）第 057701 号

责任编辑：王海燕　　文字编辑：王丽娜
责任校对：王鹏飞　　装帧设计：关　飞

出版发行：化学工业出版社（北京市东城区青年湖南街 13 号　邮政编码 100011）
印　　装：北京建宏印刷有限公司
889mm×1194mm　1/32　印张 6½　字数 154 千字
2023 年 7 月北京第 1 版第 1 次印刷

购书咨询：010-64518888　　售后服务：010-64518899
网　　址：http：//www.cip.com.cn
凡购买本书，如有缺损质量问题，本社销售中心负责调换。

定　　价：68.00 元

序

李艳博士主要从事化工分离领域相关的研究工作，曾师从加拿大工程院院士、国际著名的模拟移动床领域研究专家 Ajay K. Ray，专注于模拟移动床技术在分离领域的应用和多目标优化。在此基础之上，编著了这部《顺序式模拟移动床分离过程研究及其应用》。

模拟移动床是一种结合了固定床和移动床操作的优势，通过合理启闭切换各塔（固定床色谱柱）间的阀门，改变物料的进出口位置，从而模拟吸附剂与解吸剂的逆流流动，可实现将制备色谱转变成连续或半连续的分离过程，可大幅提高吸附剂的分离产率。

这本书理论与实际相结合，系统地论述了新技术——顺序式模拟移动床的技术核心及应用范畴。不但深入浅出地阐述了工作原理和分离机理，而且详细介绍了实施过程中色谱柱内的分离职能的变换、各物质的吸附行为和动力学行为、操作参数和环境条件对于分离性能的影响等重要的科学问题。

该书包含五个章节，从模拟移动床分离领域的发展和变型出发，依次介绍了顺序式模拟移动床基本原理及优化方法、顺序式模拟移动床在低聚木糖和果葡糖浆体系分离纯化过程中的应用实例、顺序式模拟移动床耦合结晶过程的应用前景及展望。采用基础理论与实际案例相结合的方法，对顺序式模拟移动床技术进行了整体性、综合性的说明。

书中不但叙述了许多科学研究和工艺实践成果，而且总结了许多顺序式模拟移动床设计、操作、运行经验，有望为大型或工业色谱分离领域提供参考和借鉴。这是一部选材恰当、内容丰富的好书，是一部专业性较强、从理论上和实用上皆有较高阅读价值的科技专著。

李忠

于广州华南理工大学

2023 年 7 月 1 日

前言

色谱技术是几十年来化学化工研究中最富活力的领域之一，无论是在分析还是分离过程中，都是必不可少的关键技术之一。而模拟移动床技术则是基于色谱分离技术进行的一项以工业化为最终目标的基础研究，其中涉及了色谱的基础知识、仪器装备的过程控制、热力学/动力学行为影响、数学计算和模型优化等等，是一项兼具化工基础理论和工业生产实践的综合性工作，具有极大的应用前景和发展空间。在传统模拟移动床的基础之上，又陆续发展出了多种改良和变型，如Varicol模拟移动床、流速改变的模拟移动床、部分进料的模拟移动床、梯度模拟移动床（溶剂梯度、温度梯度、压力梯度）、模拟移动床反应器和顺序式模拟移动床、模拟移动床多组分分离系统等。其中，顺序式模拟移动床技术将传统过程的一次切换分成了三个子步骤，每个子步骤呈现不同的操作模式，无论是在分离效果、过程控制，还是能耗、溶剂消耗方面都展现出了优异的表现和巨大的潜能。

为了让读者了解模拟移动床领域相关发展，认识到顺序式模拟移动床技术优势，掌握分离过程的工艺优化方法，本书主要对顺序式模拟移动床技术及其应用进行了详细介绍，这些研究方法，都可以为后续在化工分离领域的其他应用提供理论基础及技术支撑，也可为模拟移动床技术的发展和应用开辟新思路和新方法。

在结构上，本书分为5章，包括顺序式模拟移动床基本原理及优化方法介绍、顺序式模拟移动床分别在低聚木糖和果葡糖浆体系分离纯化过程中的应用、顺序式模拟移动床耦合结晶过程的介绍。采用基础理论与实际应用案例相结合的方法，对顺序式模拟移动床技术进行了整体性、综合性的说明。

在内容上，针对这一较为复杂的技术，本书进行了深入浅出的介绍。从传统模拟移动床技术的发展开始，引出了其各种变型和相应的操作模式，从而开始介绍顺序式模拟移动床及其独特的优势。在理论部分，详细解释了吸附行为、动力学影响、色谱柱模型、色谱柱填料及各模型参数确定方法，同时对分离性能及优化方法进行了分析。在应用部分，阐述了顺序式模拟移动床在糖分离领域的具体应用，并提供了最终的最佳操作条件，对实际生产有指导价值。此外，还对顺序式模拟移动床的应用前景进行了展望，以结晶耦合技术为案例进行了剖析。结果表明，与其他上下游的反应、分离、纯化过程进行耦合，可以实现生产的连续性和高效性。

本书力求文字简练、概念明确、举例得当、引文翔实，并配有相关图解、表格、数据，以期实现易读性、实践性和指导性。

本书的编写，得到了内蒙古工业大学的关怀与大力支持，此外，加拿大韦仕敦大学 Ajay K. Ray 教授给予了许多鼓励、建议与帮助，编写中也参考和引用了一些研究人员的科研成果，在此表示衷心的感谢！

著者

2022 年 8 月

目录

绪论

（1）模拟移动床技术的研究背景

色谱法是一种由于体系中各组分对固体吸附剂的吸附能力不同而被广泛应用的分离方法。传统的间歇式色谱法分离效率低、洗脱液消耗大、操作成本高，导致无法进行大规模的生产应用。为了克服这些缺点，模拟移动床（simulated moving bed，SMB）工艺在1961年由Broughton和Gerhold开发并首次应用。与传统分离工艺不同，SMB单元装置的四个进出口端口沿顺时针方向同时切换，实现了固定相和流动相之间的连续性逆流操作，从而解决了固定相运动过程中颗粒磨损、床层空隙率变化、流速不稳定、床层膨胀等问题。此外，由于采用连续的操作方式，处理量大、生产效率高、纯度高、操作控制更加简单。目前SMB在工业上的应用主要有对二甲苯的提取、玉米湿磨和果糖/葡萄糖分离。近年来，SMB的应用已扩展到精细化学品和多组分混合物的分离，如手性药物和一些蛋白质、多肽等生物成分的制备分离。

（2）模拟移动床技术的研究进展

典型的四区SMB系统是由几个填充色谱柱串联组成一个闭环回路。SMB工作的基本机理是液相和固相之间的连续性逆流运动。SMB单元中的每个区域都有其特定的功能：分离主要发生在区域Ⅱ和区域Ⅲ，区域Ⅰ和区域Ⅳ分别用于固定相和流动相的再生。

为了提供更大的工业生产潜力，近年来科学家开发出了SMB色谱工艺的各种变型和改良技术。这些变型具体有：Varicol SMB、流速改变的SMB、部分进料SMB、梯度SMB（即温度梯度、压力梯度和溶剂梯度）、顺序式模拟移动床（sequential simulated moving bed，SSMB）和SMB多组分分离系统，这些新型工艺均基于传统的SMB方法和机理，但在不同的切换模式、分离任务和操作条件下进行。

在这些方法中，SSMB技术因其低溶剂消耗而成为工业上一些大型分离过程的首选。与SMB流程不同的是，SSMB中的一个切换时间被划分为具有不同操作模式的三个子步骤。第一步，流动相在整个系统中循环，形成一个闭合的回路，将各物质在色谱柱中进行分配；第二步，Ⅳ区被隔离出去，仅有Ⅰ～Ⅲ区工作，并且在Ⅰ区入口引入外部洗脱液，将吸附能力较弱的物质冲洗到萃余液端口；第三步，Ⅱ区也被分隔出来，并在Ⅲ区入口处引入另一个进料流，以便分别在萃取液和萃余液端口同时收集优先吸附的和吸附较少的两种组分。基于此种操作模式和循环步骤的引入，SSMB的溶剂消耗量显著减少。

(3)顺序式模拟移动床研究目标

本书将着重介绍顺序式模拟移动床技术及其相关应用。首先，将详细介绍模拟移动床技术及其各种变型的操作模式、分离机理、过程模拟和优化手段，其次，将围绕顺序式模拟移动床技术的原理和应用展开讨论。

第2章将介绍SSMB在低聚木糖（xylo-oligosaccharide，XOS）分离领域的应用。XOS是由2～7个木糖分子以β-1,4糖苷键结合而成的功能性聚合糖，与通常人们所用的大豆低聚糖、低聚果糖、低聚异麦芽糖等相比具有独特的优势，它可以选择性地促进肠道双歧杆菌的增殖活性，其双歧因子功能是其他聚合糖类的10～20倍。因此，XOS是食品工业中广泛应用的理想产品。在过去的几十年里，大多数研究人员关注于SMB工艺，关于SSMB系统及其仿真或优化工作报道较少。在寡糖纯化领域，Jiang、Nobre、Liu、Wiśniewski等研究讨论了SMB体系在果寡糖（FOS）和半乳糖寡糖（GOS）中的应用。孟娜等通过多组

SMB实验探索最佳操作条件，将XOS的纯度从69%提升到91%。但仍然存在实验周期长、操作复杂、纯度较低的问题，因此，设计并开发一种高效的SSMB分离工艺对低聚糖体系的研究至关重要。

在第4章，为了研究SMB和SSMB过程之间的差异，本书针对不同的工业需求，进行了一些基于果糖-葡萄糖系统的优化工作探究并进行了比较。在某一SSMB工艺中，影响最终产品纯度、回收率和溶剂消耗的因素通常是多种多样的，且往往存在相互冲突的竞争性效应。因此，简单的优化需要大量的实验探索，看起来不切实际，也缺乏经济性。因此，针对SSMB分离过程的多目标优化（multi-objective optimization，MOO）是本研究领域的必要目标和发展方向。

研究表明，MOO能够更好地描述优化问题，更精确地筛选最优操作条件。MOO方法是为某一问题寻找几组同等条件下的最优解（即帕累托解集）。帕累托集是当从优化曲线上的一个点到另一个点时，至少有一个目标函数变好，至少有一个目标函数变坏。因此，帕累托集合中的任意一个解都是最优且可接受的。

遗传算法（genetic algorithm，GA）是解决MOO问题的一种最常用的全局搜索和优化方法，它模仿了遗传算法和达尔文的自然选择原理。非支配排序遗传算法（non-dominated sorting genetic algorithm，NSGA）和NSGA-Ⅱ是基于遗传算法的升级算法。由于NSGA-Ⅱ算法收敛速度较快，本书在优化过程中采用了这种方法。实际上，已经有许多研究者成功地将该方法应用于多目标优化问题中。Kasat等利用NSGA-Ⅱ优化了工业催化裂化装置，该方法可推广应用于其他工业催化裂化装置。Tarafder等研究了工业苯乙烯单体的制造工艺，并利用NSGA-Ⅱ对该体系进行了MOO，最终使苯乙烯的选择性达到最大，所需的热负荷达到最小。Lee 等报道了 NSGA-Ⅱ在工业青霉素生物反应器的 MOO 中的应用。此外，张妍等将 NSGA-Ⅱ的应用扩展到手性药物（外消旋体吲哚洛尔）分离领域。以上这些工作和研究为利用 NSGA-Ⅱ对低聚木糖和果葡糖浆的 SSMB 分离过程进行多目标优化提供了借鉴和参考。

第1章
模拟移动床技术

1.1 模拟移动床技术的原理

1.1.1 传统色谱技术

为了获得纯度高、回收率高的产品，有效的分离技术几乎是所有化工过程中都必不可少的。一些传统的分离方法，如结晶、萃取、膜分离和蒸馏，经常用于研究和工业应用中。然而，当目标体系含有多种复杂成分或各成分化学组成相似（如氨基酸、手性药物、低聚糖、蛋白质等）时，分离就变得非常困难，或者分离步骤变得烦琐，分离成本增加，因此以上方法都不再适用。在这种情况下，色谱法提供了另一种分离可能性，有助于解决此类问题。

米哈伊尔·茨维特（Mikhail Tswett）首先发现并定义了色谱法，他利用碳酸钙填充的玻璃柱分离植物色素，以石油醚洗脱植物色素的萃取液，经过一段时间洗脱之后，植物色素在碳酸钙柱中实现分离，由一条色带分散为数条平行的色带。由于这一实验将混合的植物色素分离为不同的色带，因此茨维特将这种方法命名为色谱法。与其他分离技术相比，色谱法具有选择性高、分离效率高、产品纯度高、操作成本和能源成本低的特点。因此，对于大多数分离过程来说，它是一个合适的选择。

图 1-1 是色谱法的基本原理。把传送带看作是固体吸附剂（固定相），传送带运动的方向是从左到右，如箭头所示。三角形 A 和 B 代表待分离体系中两个不同的组分，显然三角形 A 对固定相具有较高的吸附亲和力。洗脱液（流动相）以相同方向流向传送带，由于吸附能力的差异，三角形 B 与 A 逐渐分离，B 首先被冲出传送带，这样，A 和 B 就成功分离[1,2]。

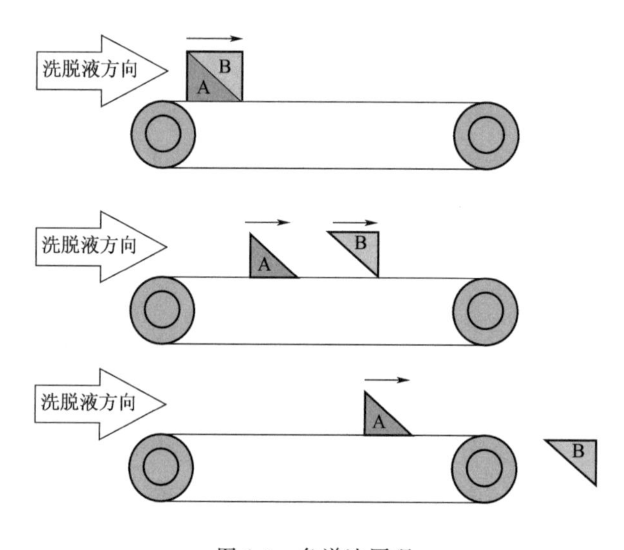

图 1-1 色谱法原理

1.1.2 连续性逆流操作的色谱技术

显然，以上介绍的传统色谱法中，固定相与流动相的移动方向相同。当固定相与流动相的移动方向相反时，称为连续逆流色谱。其原理如图 1-2 所示，与图 1-1 相似，分别定义三角形 A 和 B 为体系中吸附能力较强和较弱的物质。流体运动的方向与传送带相反，因此，根据传送带运动速度的不同，会出现三种不同的情况。假设 A 和 B 对固定相的吸附能力不同而导致在传送带上的移动速度分别为 v_A、v_B（$v_A < v_B$），如果传送带的移动速度 v_C 介于 v_A、v_B 之间，A 和 B 将实现完全分离，在传送带的右侧可以收集到纯度为 100%的 B 物质，在传送带的左侧会收集到纯的 A 物质。如果传送带的速度 $v_C > v_B$，A 和 B 将一同移动到传送带的左侧。如果 $v_C < v_A$，A 和 B 将一同移动到传送带的右侧，均无法实现分离目的。

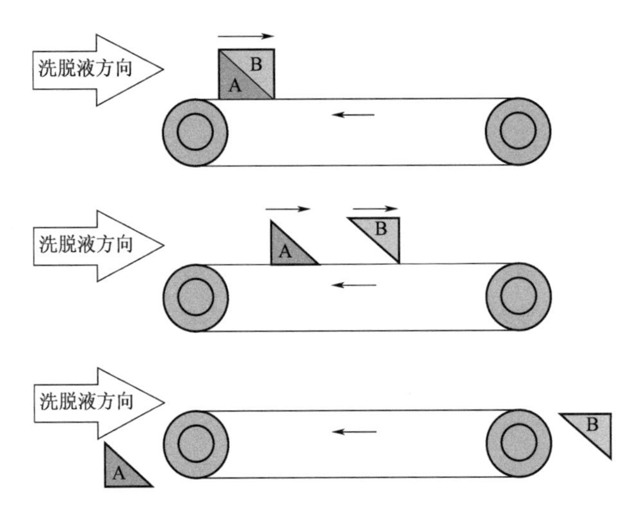

图 1-2　连续逆流色谱原理

基于以上连续逆流色谱的原理，可以很容易理解该方法的设计策略。首先考察各组分在固定相上的吸附性能，然后确定合适的固定相的移动速度，根据这些参数，很容易可以选择出一个中间速度，从而达到完全分离的目的。

1.1.3　真实移动床

真实移动床（true moving bed，TMB）实际上是一种处于理想状态的逆流系统，它包括一个恒定移动速度的固定相循环。如图 1-3 所示，固定相从柱的顶部进入，在重力的驱动下自然向下运动；洗脱液从柱的底部进入体系，向上运动[1]。为了具体地说明分离机理，选取了含有组分 A 和 B 的传统二元体系的分离过程进行研究。假设进料溶液包含两种组分 A 和 B，其连续地进入第 2 段和第 3 段之间的色谱柱中，随着流动相和固定相 1～4 的逆流运动，由于吸附能力的不同，A 和 B 将被分离。吸附能力强、保留量大的 A 物质可以在 1 区的萃取口收集，同时，吸附能力弱、保留量少的 B 物质集中到萃余液部分（即 3 区的萃余口）。

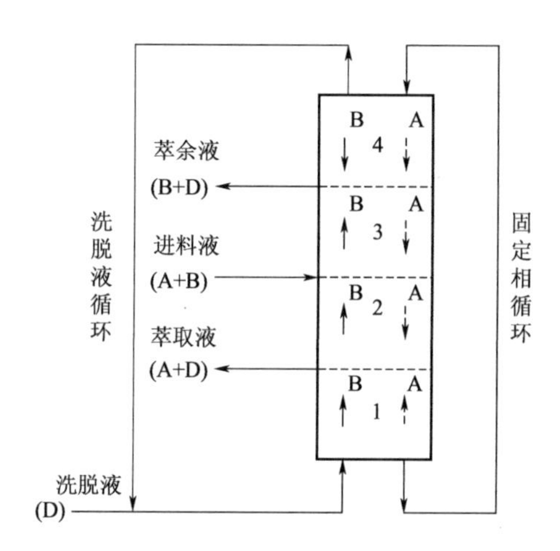

图 1-3　真实移动床典型配置

综上所述，可以确定 1～4 区每个部分在 TMB 中的具体作用。第 1 区和第 4 区分别用于固定相和流动相的再生；第 2 区的作用是解吸残留较少的组分，以保证最终萃余液产品的纯度；第 3 区的作用是吸附更多保留的成分，并把它带到萃取液一端。这一过程的关键是在各区中选择合适的流量，以确保每个区域都能很好地发挥作用，完成自己的职能。例如，组分 A 在第 2～4 区带着固定相向下移动，在第1区带着流动相向上移动，多次循环后，吸附能力较强的组分A可富集在1区的萃取口。同样的原理也适用于组分B，设计恰当的话，最终可以实现A和B的完全分离。

然而，TMB工作原理是在理想的条件下，实际由于目标问题和环境条件的变化，要在技术上实现固定相始终以某一恒定的速度不断移动是非常困难的。后来基于TMB开发的模拟移动床（simulated moving bed，SMB）技术克服了这些缺陷。

1.1.4 模拟移动床

一个模拟移动床系统通常包括几根固定床色谱柱，由四个进、出料口（进料液口、萃余液口、洗脱液口和萃取液口）划分为四个部分，即Ⅰ～Ⅳ区。SMB的结构如图1-4所示。与TMB过程不同，SMB固定相和流动相的逆流运动是通过四个进出口的同时切换实现的（切换方向与流动相的流动方向相反），所以称为模拟移动床[1,3,4]。这一创造性的改良解决了固定相运动过

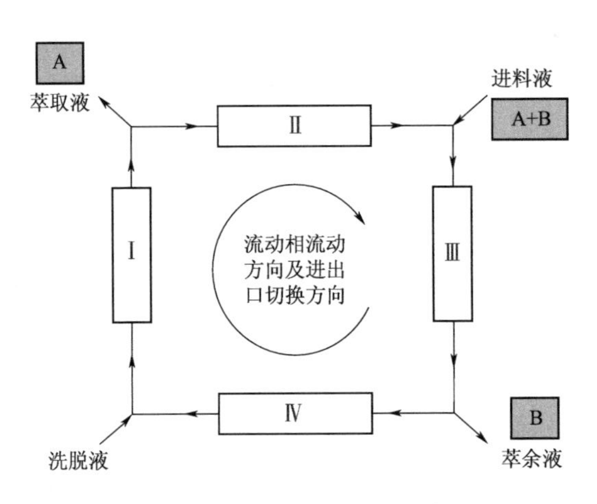

图1-4　模拟移动床典型结构

程中颗粒磨损、床层空隙率变化、流速不稳定、床层膨胀等问题，实现了固定相的移动，可以更简单有效地实现高质量的产品分离和过程控制。

20世纪20年代中期，Broughton和Gerhold基于真实移动床工作原理提出SMB的概念。随着SMB技术的成熟和对复杂精细化学品的分离任务的迫切需求，20世纪60年代末，UOP公司应用Parex工艺将C8芳烃中的对二甲苯和间二甲苯进行分离，分离纯度达到99.8%～99.9%，且分离年产总量可达到千万吨。此后SMB的主要应用扩展到石化工业和制糖工业，直到1990年，SMB被成功应用于制药工业，用于纯化具有较高经济价值的手性药物，由此SMB技术受到广泛关注。

SMB系统中的每个区域都有其特定的功能：主要的分离过程发生在Ⅱ区和Ⅲ区；Ⅰ区和Ⅳ区分别用于固定相和洗脱液的再生。如图1-4所示，传统SMB分离系统是由多根填料色谱柱通过管路首尾串联而成的一个稳定流通闭环。系统内固定相保持静止，流动相和固定相的逆流接触是通过周期性的端口切换来实现的，由此SMB具有了连续进料加载和连续产品收集的特性，使传质驱动力达到了最大化。根据各立柱在吸附分离过程中所执行特定任务的不同，进、出口端口将立柱系统分隔为4个功能区。进料组分为A、B两种吸附能力不同的二元混合物，A物质为强吸附组分，B物质为弱吸附组分。各区功能如下：Ⅰ区为洗脱区，其承担的主要任务是在固定相中选择性解吸强吸附组分A，使弱吸附组分B保留在流动相之中，从而使固定相吸附剂再生，然后强吸附组分A从Ⅰ区顶部萃取液出口排出，得到萃取液；Ⅱ区为精馏区，其承担的主要任务是在固定相吸附剂中用强吸附组分A将弱吸附组分B不断置换出来，液体包含被置换出的弱吸附组分B和新鲜进料一起进入Ⅲ区；Ⅲ区为吸附区，其承担的主要任务是在该区域内实现洗脱液再生，并对强吸附组分 A 进行选择性吸附，使其无法进入萃余液中，以此保证强吸附组分 A 的高回收率；Ⅳ区为过渡区，其承担的主要任务是防止在Ⅲ区没有吸附完全的弱吸附组分 B 通过，在此区域内将没有吸附完全的弱吸附组分 B 吸附，避免其进入Ⅰ区污染萃取液，并在此区域实现洗脱液再生，节约洗脱液用量。

1.2 新型模拟移动床技术

近年来，随着经济的发展和科技的进步，对于分离过程的能耗、溶剂消耗、分离效率、分离产品的复杂性以及分离过程控制的灵活程度都有了更高的要求，所以一些新型的模拟移动床分离技术被相继提出。比如由 Ludemann-Hombourger 提出的 Varicol 系统，改进了 SMB 一个循环内进出口的切换方式，使得操作变得更加灵活，而且对于色谱柱数量的需求明显降低，但是仅适用于组成比较简单的体系。还有改变 SMB 过程流速的 PowerFeed 工艺，通过内部流速的变化来实现各组分的重新分配，这项技术可以降低溶剂消耗，但是过程控制变得复杂。还有梯度 SMB 过程，包括浓度、温度、压力梯度，各区之间引入一个梯度，同样可以实现各组分的重新分配，提高分离效率，降低溶剂消耗，但是实现的过程变得更加复杂，需要保证切换和梯度改变的同步性。除此之外，近些年发展起来的顺序式模拟移动床（sequential simulated moving bed，SSMB）将传统 SMB 过程的一个切换分成了若干个步骤，无论是在分离效果、过程控制，还是能耗、溶剂消耗方面都有优异的表现和巨大的潜能。本节将介绍一些新型模拟移动床技术。

1.2.1 Varicol 模拟移动床

Varicol 作为一种新型色谱方法，最早由 Ludemann-Hombourger 等在 2000 年提出[5]，通过在全局切换期间引入进口和出口端口的非同步切换开关来实现异步控制。由于在不同子时间间隔的柱配置中增加了灵活性，Varicol 相比 SMB 有更大的优势。Varicol 的运行机制将在本节中详细说明。

为了更好地了解 Varicol 过程，引入了一种传统的六柱 SMB 模型进行比较。如图 1-5(a) 所示，Ⅰ区和Ⅳ区各有一根色谱柱，Ⅱ区和Ⅲ区分别有两根色谱柱。在一个切换时间 t_s 内，SMB 和 Varicol 之间的主要差异如图 1-5(b) 和 (c) 所示。在 Varicol 过程中：

① Ⅰ～Ⅳ区每个区域中的色谱柱数量不是恒定的，这意味着固定相的配置不是恒定的。

② 体系中各进出口不均等地同步移动。

③ 相对于 SMB 过程，等效 Varicol 工艺的固定相移动速度相对于入口和出口不是恒定的。

通过这种方式，Varicol 流程比简单的 SMB 流程具有更高的灵活性，特别是对于一些色谱柱数量较少的分离系统。

关于 Varicol 系统的报道相对较少，Zhang 等对 SMB 和 Varicol 手性分离工艺进行了多目标优化，他们得出结论，在使用较少的洗脱液处理较多的进料溶液方面，Varicol 的性能优于 SMB[6]。Subramani 等在 2003 年完成了分别使用 SMB 和 Varicol 系统从葡萄糖和果糖溶液混合物中分离果糖的综合分离优化工作[7]。在 Pais 等的研究中，比较了较少色谱柱数（即 4、5、6）的 SMB 和 Varicol 系统的分离性能[8]。Yu 等分别利用 SMB 和 Varicol 反应器对乙酸甲酯的水解进行了优化，Varicol

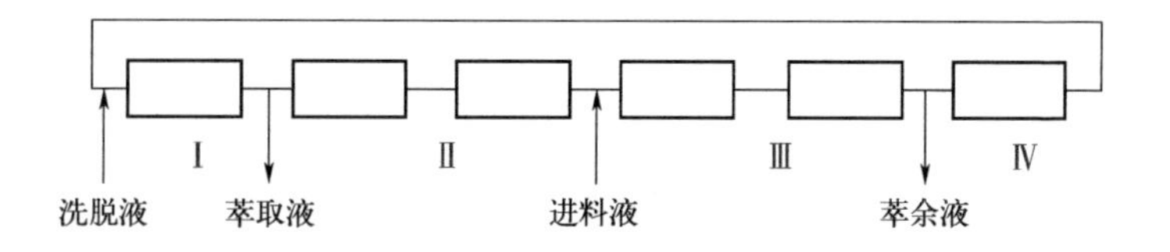

(a)六柱SMB或Varicol的结构简图

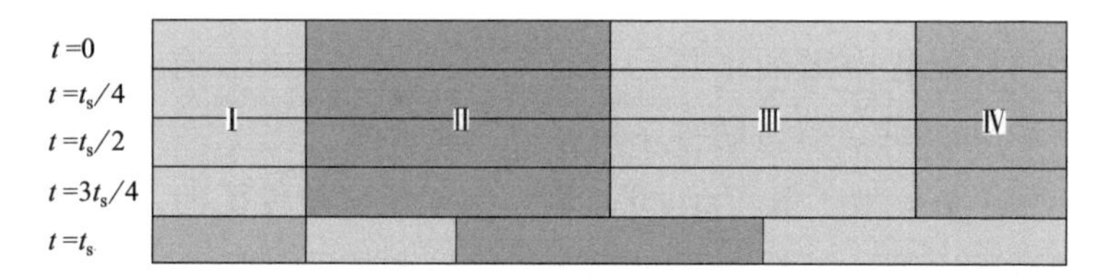

(b)SMB的切换模式

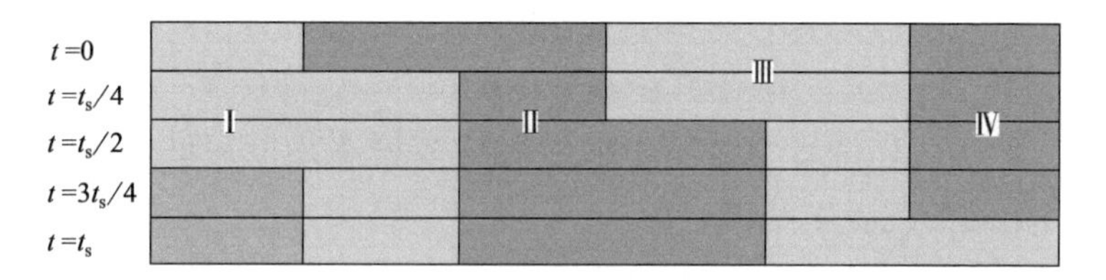

(c)Varicol的切换模式

图 1-5　六柱 SMB 与 Varicol 工作原理

体系表现更为优异[9]。近年来，Yao 等研究了实现 Varicol 系统在某一平均色谱柱配置下的切换策略，然后，将改进策略应用于 Varicol 对 1,1′-联-2-萘酚对映体分离的优化，最终与 SMB 系统相比，洗脱液的消耗降低了 17%[10]。Gong 等在 2014 年评价了利用 SMB 和 Varicol 技术分离纯化愈创甘油醚的可行性和效率[11]。

1.2.2 流速改变的模拟移动床

流速改变的 SMB 最早由 Kloppenburg 和 Gilles 在 1999 年提

出[12]。在此过程中，在一个切换时间间隔内，四个进/出端口的流速（v_F、v_R、v_D、v_E）随时间变化而变化。因此，整个系统的内部流速发生了变化，这将导致溶质在流体和固相中的分布不同（图 1-6）。这种方法的优点是通过在一个切换周期内改变流量来降低溶剂消耗。然而，由于操作成本和设计复杂性的增加，流速改变的 SMB 并未得到广泛应用。

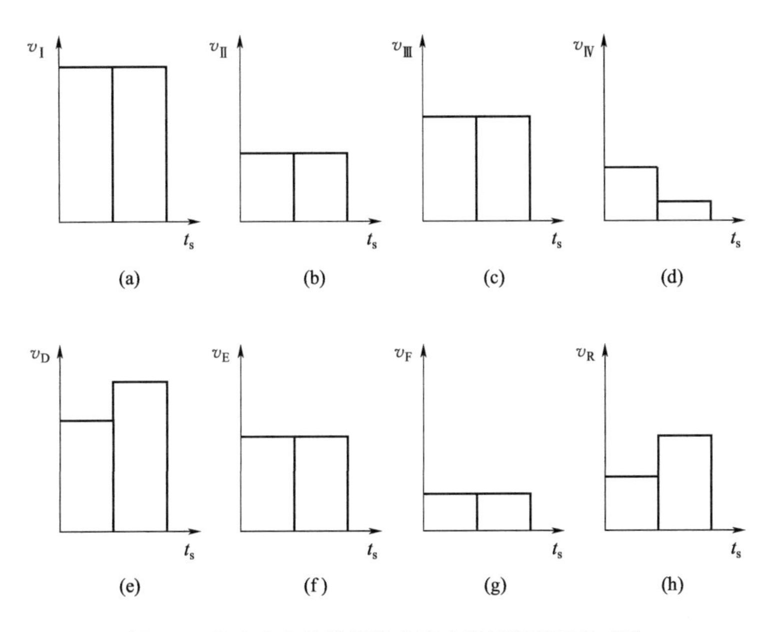

图 1-6　流速改变的模拟移动床中流速随时间的变化

1.2.3　部分进料的模拟移动床

对于传统的 SMB 过程，进料的组成和流量在整个切换区间内是恒定的。而部分进料模拟移动床中，引入了两个额外的自由度，即进料持续时间和进料时间。图 1-7(a) 比较了传统 SMB 和部分进料 SMB 过程的差异。为了满足质量平衡的约束，萃余液的流量随进料流量的变化而变化［图 1-7(b)］；进料持续时间较短，但引入的流量较高。通过这个进料程序，总进料量保持不变，而产率和洗脱液消耗会相应增加。

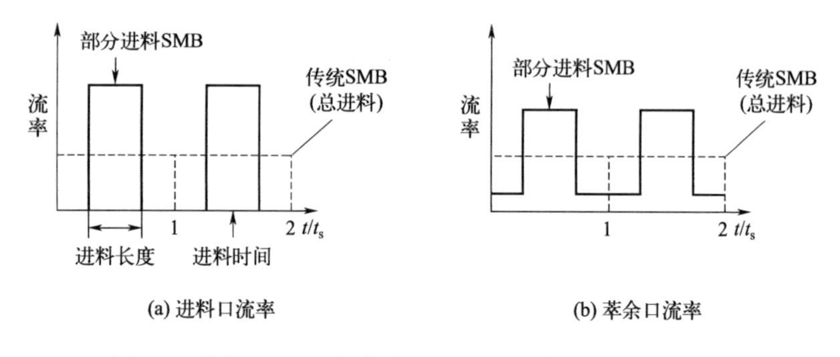

图 1-7　传统 SMB 和部分进料 SMB 过程中的进料流量变化

1.2.4　梯度模拟移动床

传统的 SMB 过程是在等温和无梯度的条件下操作的，两个组分之间的选择性在所有截面中都是恒定的。根据 SMB 过程中四区的作用不同，Ⅰ区和Ⅱ区的吸附强度较弱，Ⅲ区和Ⅳ区的吸附强度较强。因此，当组分分离困难或常规条件下无法分离时，可以引入条件梯度，利用温度梯度、压力梯度和溶剂梯度有效地改善分离性能，提高分离效果。

1.2.4.1　溶剂梯度 SMB 色谱法

最常用的达到溶剂梯度的方法是引入高洗脱强度的洗脱剂，同时引入溶剂强度较低的进料流。这样，成功地提高了Ⅰ区和Ⅱ区的解吸能力以及Ⅲ区和Ⅳ区的吸附能力。溶剂梯度 SMB 色谱法原理如图 1-8 所示。因此，SMB 色谱的分离性能在提高生产效率、降低溶剂消耗和提高产品质量方面得到了改善。

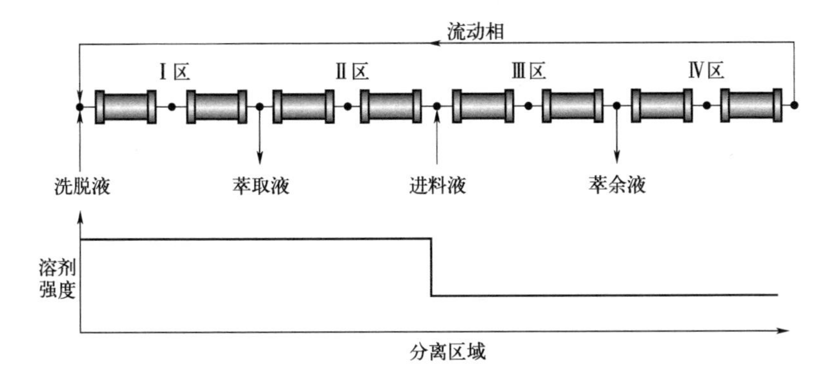

图 1-8　溶剂梯度 SMB 色谱法原理

此外，选择合适的溶剂对于这种溶剂梯度 SMB 是非常重要的。在此过程中需要考虑的影响因素多种多样，如黏度、扩散率、混合过程的产热等。在 Antos 和 Seidel-Morgenstern 的工作中，用数值分析了两步溶剂梯度 SMB 过程的线性平衡，结果证明了该方法具有可行性。Ziomek 等利用随机搜索策略设计溶剂梯度 SMB，并对 SMB 在梯度和临界条件下进行敏感性分析，最后，证明梯度运算的性能更优[13]。Nam 等在 2012 年利用溶剂梯度 SMB 工艺成功分离了苯丙氨酸和色氨酸这两种氨基酸[14]。Jiang 等在 2014 年报道了利用具有溶剂梯度的三区 SMB 从四元混合物中分离两种介质保留溶质（辣椒素和二氢辣椒素）的研究工作[15]。

1.2.4.2　超临界流体 SMB 色谱法

超临界流体色谱（supercritical fluid chromatography，SFC）总是在临界温度和临界压力以上工作。在该体系中，广泛采用二氧化碳（CO_2）作为流动相的主要组分［临界点为 31℃，74bar (7400kPa)］。超临界 CO_2 在使用上具有降低溶剂成本、高流速、平衡时间短、效率高、无毒、不易燃等优点。

Clavier 等最早将 SFC 与 SMB 结合，并于 1996 年将 SFC 应用于 γ-亚麻酸乙酯（γ-linolenic acid ethyl ester，GAL）和二十二碳六烯酸乙酯（docosahex-aenoic acid ethyl ester，DHA）的分离。超临界流体 SMB（SF-SMB）色谱法的原理见图 1-9。SF-SMB 的主要优点是通过 CO_2 的蒸发容易获得浓缩产品，通过在不同区域设置不同的压力进行压力梯度 SMB，通过压力调节溶剂分布。在 Clavier 等的研究成果发表后，来自德国汉堡理工大学（Hamburg University of Technology，TUHH）、瑞士联邦理工学院（Swiss Federal Institute of Technology，ETH）和 Daicel 公司的研究人员将超临界流体 SMB 应用于立体异构体和对映体的分离。

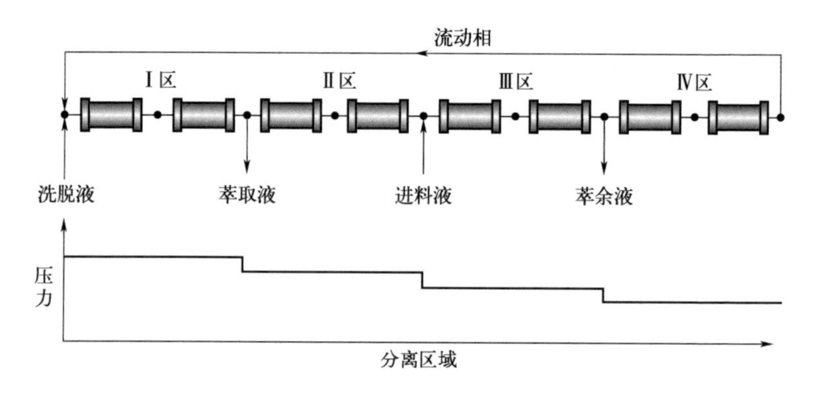

图 1-9　超临界流体 SMB 色谱法原理

最近，Cristancho 等将 SF-SMB 的应用扩展到在线性条件下利用超临界二氧化碳在硅胶上分离亚油酸乙酯和油酸乙酯。一些研究人员已经成功地利用 SF-SMB 从自然资源中分离出具有生物活性的化合物。据报道，有研究人员分别用超临界 SMB 完成了三萜和木脂素的提取。

超临界流体 SMB 色谱体系吸附性质的变化增加了研究的复杂性，且大多数药物组分在纯 CO_2 中的溶解度受到限制。以上的缺点可以通过引入一种改性剂来解决，比如酒精或醚。

1.2.4.3 温度梯度SMB色谱法

除溶剂梯度和压力梯度外，吸附强度还可以通过温度的变化来调节。温度梯度可通过直接和间接的方式进行控制。直接方式是通过使用色谱柱夹套和控温系统调节柱温来实现；间接方式是通过柱间换热器调节各柱的温度。此外，另一种间接模式是通过进料温度和解吸温度之间的差异来完成的，即通过改变进料液和洗脱液的温度。这个过程的一个明显的缺陷是温度的非瞬时变化，当色谱柱切换和相应的温度改变时，必须考虑到这一点。

一些研究工作报道了温度梯度SMB色谱的可行性。Migliorini等假设SMB中四个截面的温度可以独立改变，提出了非等温SMB过程的设计策略[16]。Kim等利用Aspen色谱v12.1建立的模拟实验研究了四区SMB用于甲苯-二甲苯的分离过程[17]。Xu等成功地将温度梯度SMB技术扩展到SMB反应器中，用于合成乙酸甲酯[18]。

结果表明，非等温SMB色谱操作可有效提高模拟移动床反应器（SMBR）的产能。最近，Xu等利用多目标优化研究了酮洛芬对映体分离时，通过进料温度和脱吸温度之间的差异建立内部温度梯度的可行性。

1.2.5 顺序式模拟移动床

法国NOVASEP公司基于传统SMB机理研发了一种顺序式模拟移动床（sequential simulated moving bed，SSMB）技术，该技术保留了传统SMB技术的优点，但在分离过程中的程序运行和操作条件方面有所差异。相比于SMB，SSMB所需填料色谱柱更少，操作参数的调整更加灵活多变，并且各功能区之间不再像 SMB 一样连续流动，而是采用间歇进料、间歇出料的运行模式；更加注重每个单独功能区的作用，这就使得某些功能参数在调整时并不会相互影响，因此可以独立完成任意功能区的参数优化，将各组分分别控制在所处最佳条件下萃取，进而提高各出口组分的产品纯度。

SSMB 已经应用于果糖和葡萄糖工业的商业分离，其中溶剂消耗是主要关注的问题，其将一个切换时间分为具有不同流型的三个子步骤，提高了操作的灵活性。如图 1-10 所示，在第一步中，流动相在整个系统中循环，形成闭环；在第二步中，隔离第Ⅳ区，并在洗脱液端口引入外部溶剂流，以清除吸附较少的物质至萃余液端口；在第三步中，第Ⅱ区也被隔离，并引入另一个进料流，以便分别在萃取液和萃余液端口同时收集吸附能力较强和较弱的物质。

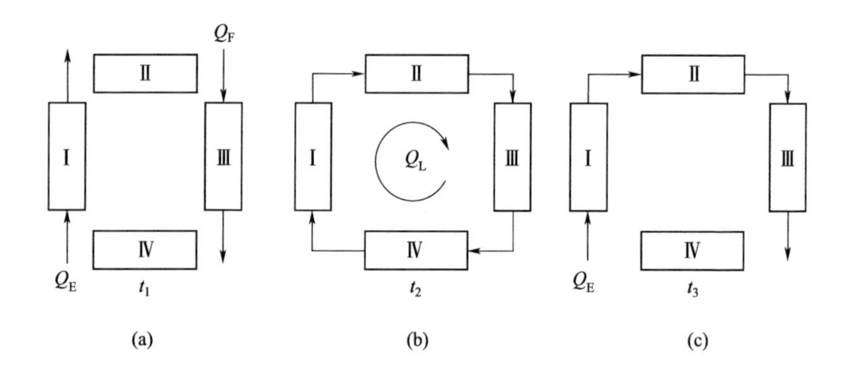

图 1-10　SSMB 分离过程示意图

近几十年来，关于 SSMB 系统及其仿真或优化工作文献报道较少。SSMB 技术具有溶剂消耗低、操作灵活等优点，是工业上一些大型分离工艺的首选技术。在本书中，将重点研究用于低聚木糖（XOS）糖浆分离的 SSMB 技术，并进行大量的模拟和优化工作，以进一步实现大规模工业化。

1.2.6 模拟移动床多组分分离系统

四区 SMB 色谱系统的主要限制是它只能进行二元体系的分离，这意味着含有两个或两个以上组分的进料只能被分割成两个馏分。但是，在某些情况下，可能需要分离三种或更多组分。在这种情况下，进行多组分分离变得至关重要。根据目前的报道，有五种类型的 SMB 分离系统可以克服传统 SMB 三元分离的局限性。第一种类型是在四区 SMB 结构中交替使用两种不同的吸附剂来分离三元混合物。第二种类型是在六区 SMB 体系中使用两种不同的洗脱液分离三元混合物。

第三种类型是通过增加第Ⅴ区或将两个传统单元组合成一个单一装置。假设待分离三元体系中含有组分 A、B 和 C，C 的吸附能力最弱，A 的吸附能力最强，而 B 介于两者之间。五区 SMB 可以被视为经典四区 SMB 的改进，在 B 组分浓度最高的点引入侧线流，侧流的引入可以把第Ⅱ区划分为两个区域。此类 SMB 分离系统总共有五个区域和两个萃取口，进料口位于第Ⅲ区和第Ⅳ区之间［图 1-11(a)］。类似地，将侧流定位在萃余液区将产生两条萃余液流，进料口位于第Ⅱ区和第Ⅲ区之间［图 1-11(b)］。对于这两种配置，如果切换时间和流量设置恰当，每个组分都迁移到相应的产品出口，就可以实现所需的分离，如图 1-11(a) 和 (b) 所示。然而，需要注意的是，在这两种情况下，只能得到纯的 A 和 C，对于 B 组分必须以二次萃取或二次萃余的方式进行进一步的收集和纯化。如果三个组分的价值相等，并且必须在高纯度和高产率下获得，则需要两个二元 SMB 装置或八区/九区 SMB。

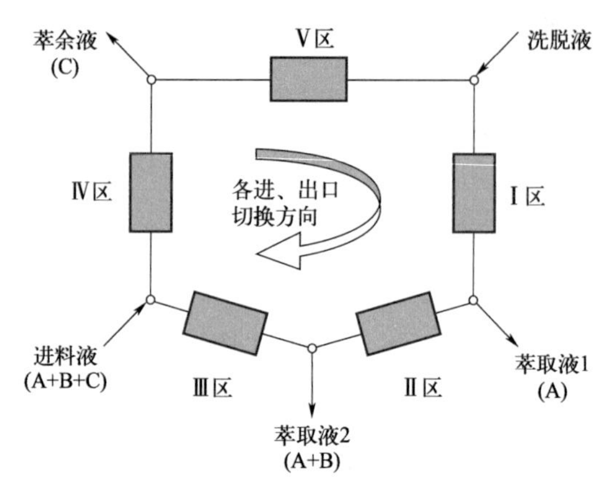

(a)有两个萃取流的五区SMB

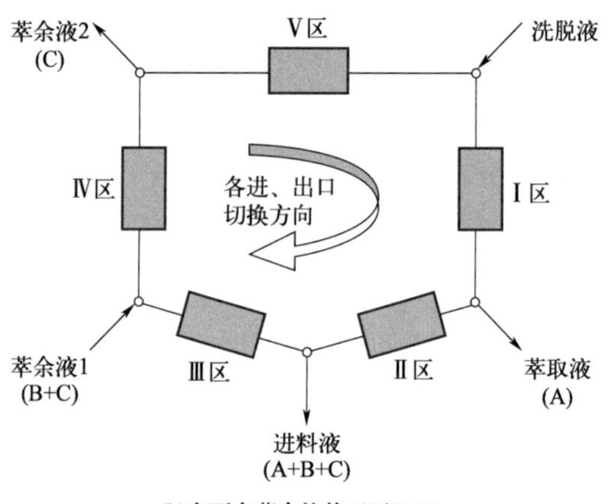

(b)有两个萃余流的五区SMB

图 1-11 适用于三元分离的五区 SMB

图 1-12 是第四种类型，即两个四区 SMB 的八区耦合系统［图 1-12(a)］，以及分别连接一个五区 SMB 和一个四区 SMB 的九区系统［图 1-12(b)］。八区 SMB 中，三个进口（进料流和两个解吸流）、三个出口和一个旁路流将系统分为八个区域。九区 SMB 中，多了一个额外的产品出口。Nicolaos 等曾报道过八区 SMB 的多组分分离应用。Wooley 等首次将九区 SMB 用于从生

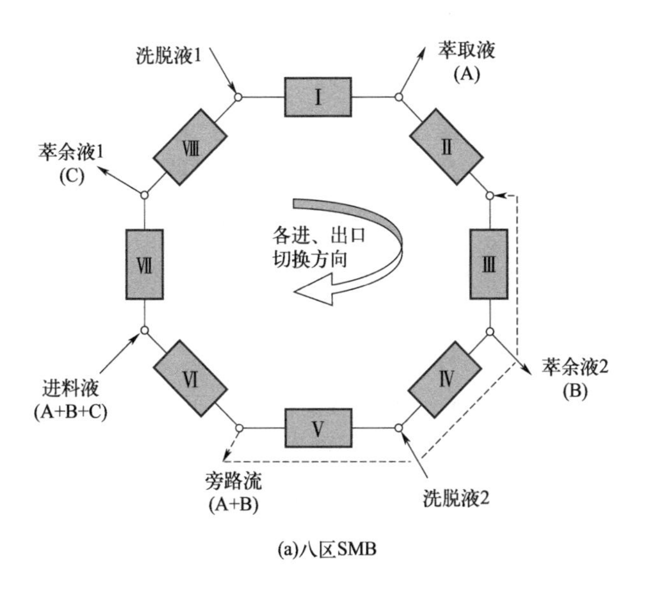

(a)八区SMB

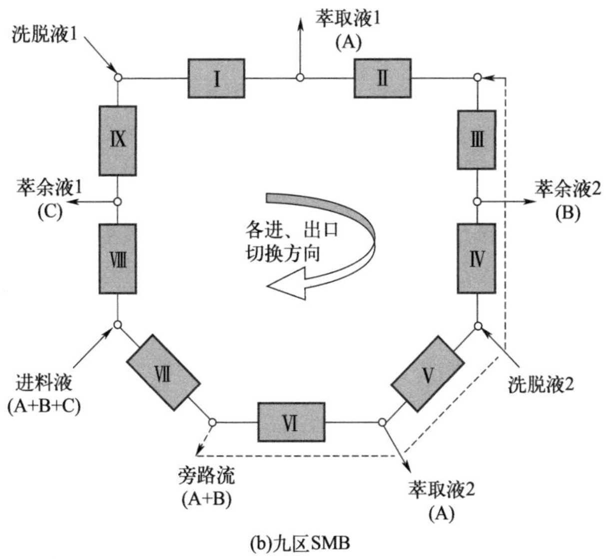

(b)九区SMB

图 1-12　适用于三元分离的八区/九区 SMB

物质水解物中回收两种糖即葡萄糖和木糖。结果表明，九区SMB更有利于三元体系的完全分离，且第二个SMB装置通常承担最难分离的任务。

第五种类型是Pseudo-SMB工艺。Pseudo-SMB工艺是日本Organo公司申请的JO SMB工艺专利，它最初应用于制糖业，当时Sayama等用该工艺从甜菜糖蜜中回收蜜三糖。之后应用范围又扩大到含有蜜三糖、蔗糖、葡萄糖和甜菜碱的多组分混合物分离中。以四区SMB为例，此过程分为两个步骤，如图1-13所示。在第一步中，进料液和洗脱液进入系统，系统由一系列色谱柱组成，没有端口切换，含有B组分的中间流从第Ⅱ区的末端出来；在第二步中，除了没有进料液外，系统的运行方式与SMB模式相同，保留最多的组分A（强吸附组分）收集在萃取液中，而保留最少的组分C收集在萃余液中。

三组分相对迁移速度的选择在Pseudo-SMB过程的应用中具有重要意义。只有在合适的迁移速度下，三组分才能在两相中均匀分布，才能实现完全分离。通常情况下，在第二步结束时，A组分吸附在第Ⅰ区的固定相上，从萃取液中出来，B组分与A组分分离，进入第Ⅱ区；C组分随液体迁移，从萃余液中出来。然后，在下一个循环的第一步，在第Ⅱ区固体中积累的B组分可以在中间流中收集，从而使三元体系能够进行持续分离。

1.2.7 模拟移动床反应器

在化工、医药、生物和精细化工工业应用领域，化学反应器或生化反应器的下游一般会有一系列分离装置相配合以构成整个流程，而这些分离装置主要是用物理方法实现反应产物和反应物的分离，并实现反应产物的提纯精制，从而得到符合质量指标的产品。但是，对于可逆反应或反应副产物会使催化剂中毒的情

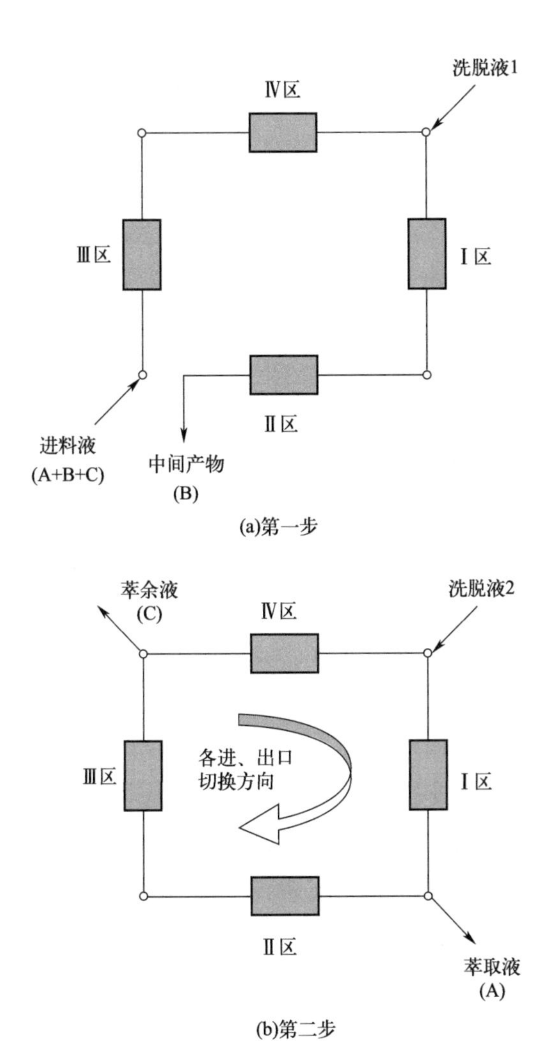

图 1-13 适用于三元分离的 Pseudo-SMB 工艺

况，此类工艺流程就存在反应转化率低、产品得率低、分离效率低、生产能力低等缺点。而采用将反应与分离耦合为一个化工操作单元的反应分离耦合装置是解决上述问题的有效途径。除了通过过程强化提高经济效益外，一体化的反应-分离还可以通过从反应过程中移除一个或多个产物而改变化学平衡，从而提高可逆反应的转化率，使其超过平衡极限。色谱分离和反应器耦合的概念几乎是同时在苏联由 Roginskii 等和在美国由 Magee 提出的。随着更强大的 SMB 色谱分离技术的出现，模拟移动床反应器（simulated moving bed reactors，SMBR）的研究在过去几十年中备受关注。近年来，将化学反应和蒸馏分离两个过程结合于一个设备中进行的反应蒸馏过程已成功实现工业化，比较成功的应用是甲基叔丁基醚（MTBE）的催化合成工艺。

与 SMB 工艺一样，SMBR 也由一系列色谱柱组成，其中化学反应和产品分离同时发生。通过沿色谱柱流体流动方向周期性地切换输入和输出端口，模拟了固液两相之间的逆流运动，同时在色谱柱中填充适当的催化剂和吸附剂，使固定相对产物和反应物有不同的吸附亲和性，从而达到分离的目的。根据不同反应体系的要求，催化剂和吸附剂可以装在单柱中，也可以装在多个色谱柱中。通常情况下，当催化反应需要高温时，而产物是保留能力较强的组分，此时应采用多层催化剂和吸附剂分离的床层。

SMBR 已成功地应用于各种类型的反应，如酯化、醚化、缩醛化、氢化和异构化反应。这些成功的案例表明，与固定床操作相比，SMBR 可以在产品纯度和转化率方面取得实质性的提高。此外，模拟移动床色谱反应器在生化领域的应用也引起了人们的广泛关注。Hashimoto 等首先开发了一种混合 SMB 生物反应器系统，用于葡萄糖酶异构化生产高果糖糖浆。采用无萃余液的三区 SMBR 系统，第Ⅲ区反应器和吸附柱交替布置，两个解吸段只使用吸附柱。与传统工艺相比，应用该系统可以使用较少的洗脱液生产含果糖 55%以上的高果糖糖浆。

1.3 模拟移动床技术的应用

SMB 最初的应用被称为 UOP 的 Parex 工艺，用于从 C8 芳烃混合物中提取对二甲苯。在 20 世纪 90 年代以前 SMB 主要应用于石化行业，如 Orbex 工艺、Parex 和 Ebex 工艺、Sarex 工艺、Molex 工艺等。此后，由于 SMB 在某些复杂系统中具有较高的分离效率和较低的成本，其应用扩展到制糖和制药行业。近年来，其也广泛应用于一些生物制品的纯化过程中。在本节中，对 SMB 技术近 10 年来的发展和应用进行了总结，如表 1-1 所列。

表 1-1　SMB 技术近 10 年的发展和应用总结

物质	作者	目的	工作内容	结论和贡献
紫杉醇	Mun 和 Wang(2008)，Purdue University	在产品纯度和区域流量约束下优化紫杉醇纯化工艺的生产效率；比较了等临界梯度和溶剂梯度的模拟结果	设计并优化了溶剂梯度 SMB 过程和与之等效的传统 SMB 过程；优化变量：层流量、切换时间、洗脱液和进料中的溶剂浓度；优化方法：非支配排序遗传算法(NSGA-Ⅱ-JG)和速率模型	采用溶剂梯度 SMB 成功地从头甘露碱中分离出紫杉醇，且分离效率最高；在这种情况下，梯度 SMB 的生产率可以提高到等临界 SMB 的 11 倍
抑制剂(咯利普兰，Rolipram)	Goncalves et al(2008)，University of Campinas	用 SMB 纯化 *n*-boc-Rolipram 外消旋体	实验在稀释条件下进行；系统的选择性：1.26；亨利常数被确定	外消旋咯利普兰的纯化是通过实验室 4 区 SMB 单元实现的
甘氨酸和苏氨酸	Makart et al(2008)，ETH Zurich	连续 SMB 过程和酶膜反应器的集成；完成 L-异丙苏氨酸的生物催化生产；分离苏氨酸和甘氨酸	实验在实验室规模的 SMB 单元，并在酶兼容条件下进行；流动相：中性 pH 条件下含少量有机共溶剂的水淋洗液；固定相：一种弱阳离子交换剂，琥珀酸钙 CG-50 Ⅱ	成功从甘氨酸中分离出苏氨酸；SMB 和生物反应器的耦合显示了其作为连续工具的巨大潜力；这种集成减少了 SMB 和反应器的可能操作点
辣椒素	Wei 和 Zhao(2008)，Zhejiang University	用 SMB 分离辣椒素类物质	甲醇/水(75/25，体积比)为流动相；ODS 柱；线性吸附；利用三角理论确定了最佳操作条件	从辣椒素类物质中分离出二氢辣椒碱
柠檬酸	Wu et al(2009)，Friedrich-Alexander-University	从发酵液中提纯柠檬酸；进行了 SMB 模拟和设计	测定了单色谱柱的流体力学、热力学和传质特性；采用输运色散模型；SMB 分离要求：柠檬酸纯度 99.8%、回收率 90%；研究了操作条件对 SMB 性能的影响	TDM 模型对这一过程进行了较好的预测；最终达到纯度 99.8%、回收率 97.2%

续表

物质	作者	目的	工作内容	结论和贡献
甲烷	Kundu et al(2009), University of Western Ontario	甲烷氧化偶联 SMBR 的模拟与模拟该过程的多目标优化	采用线性吸附等温线,用正面分析法测定;将文献实验数据与动力学模型拟合得到反应动力学参数;研究了操作参数对 SMBR 性能的影响;采用非支配排序遗传算法(NSGA-Ⅱ-JG)进行优化	在 SMBR 中提出的数学模型证明了其对实验结果能够极好预测;在最佳的操作条件下,SMBR 的性能得到了显著提高
吲哚洛尔(pindolol)	Zhang et al(2009), University of Western Ontario	外消旋吲哚洛尔的 SMB 和 Varicol 分离工艺的多目标优化	优化变量:进料浓度、洗脱液流速、柱几何形状和柱结构的影响;采用 NSGA-Ⅱ-JG 法得到 Pareto 最优解;通过实验验证了优化方案的有效性	几个两目标优化问题同时解决了 SMB 和 Varicol 过程的最大化产品纯度和回收率
氟比洛芬(flurbiprofen)	Ribeiro et al(2009), University of Porto	氟比洛芬对映体制备性手性分离的流动相组成优化	采用直链淀粉作为基础的手性固定相(chiralpak AD);溶解度和吸附等温测量;脉冲突破实验;利用不同的流动相组成对 SMB 进行了模拟	结果表明:10%乙醇/90%正己烷为最佳流动相;在这项工作中使用的建模和仿真工具被证明适合于预测
β-葡萄糖苷酶	Sahoo et al(2009), Lund University	建立一个高效的 SMB 纯化过程,用于分离克隆的热稳定 His 标记的 β-葡萄糖苷酶	采用一种基于优化单柱的简化方法设计开环 SMB;只有洗涤和洗脱是按顺序用柱来操作的	β-葡萄糖苷酶的纯化倍数为 15,回收率为 91%;SMB 的结果表明,降低了缓冲液消耗,提高了纯化倍数,提高了产率

续表

物质	作者	目的	工作内容	结论和贡献
乳酸乙酯	Pereira et al(2009)，University of Porto	使用模拟移动床反应器(SMBR)进行乳酸乙酯的合成	建立了SMBR动态特性的数学模型，并进行了实验验证；评价了运行参数对SMBR性能的影响	SMBR是一种很有前景的乳酸乙酯生产工艺；生产效率为32kg/d，纯度为95%
纳多洛尔	Lee和Wankat(2010)，Purdue University	用模拟移动床法分离三元混合物纳多洛尔异构体	进行多目标优化；采用PD模型的四目标两阶段优化方法；介绍了设计参数、步骤1的位置和步骤2中端口交换机的数量	与正常SMB相比，最大生产率提高了2倍，最小D/F降低了50%；完全分离三元混合物；柱长较短
分离(*RS*,*RS*)-2-(2,4-二氟苯基)丁烷-1,2,3-三醇	Acetti et al(2010)，ETH Zurich	采用间歇模拟移动床分离(*RS*,*RS*)-2-(2,4-二氟苯基)丁烷-1,2,3-三醇对映体	介绍了进料浓度对操作条件选择的影响；SMB实验是根据三角理论设计的	这是一项新技术，在本研究中首次应用于对映体的分离，最终萃取液和萃余液中的产品纯度都可以达到98%
紫杉醇、13-去羟基紫杉醇Ⅲ和10-去乙酰紫杉醇	Kang et al(2010)，Hanyang University	通过串联模拟移动床过程来分离这三个组件	这种三元分离是通过一个由两个四区SMB单元串联组成的过程来完成的；通过一系列脉冲实验确定了吸附等温线和传质参数；SMB实验采用驻波设计原理	利用串联SMB的最优策略是在第一个SMB单元中回收紫杉醇，然后在第二个SMB单元中分离剩下的两种组分
蛋白质	Freydell et al(2010)，Delft University of Technology	用批量尺寸排除色谱法(SECR)和模拟移动床尺寸排除色谱法(SMBSECR)对蛋白质进行再折叠	对实验进行统计设计；分析数据时采用了一个详细的模型，该模型兼顾了分离和重折叠；比较了SMBSECR和SECR的性能	复折率达到50%；所采用模型正确地描述了SMBSECR行为；溶剂消耗减少

续表

物质	作者	目的	工作内容	结论和贡献
冰醋酸	Freydell et al(2010), Delft University of Technology	以Amberchrom-CG161C为吸附剂，在SMB上分离生物质水解液中的乙酸	比较了Amberchrom-CG161C与Dowex99的分离性能；基于驻波设计(SWD)方法进行SMB优化	Amberchrom-CG161C在乙酸和糖之间的选择性比Dowex99高
核苷酸混合物	Mun(2011), Hanyang University	使用五区SMB分离三元核苷酸混合物	完成了五区SMB的三元分离；研究了部分馈电应用对五区SMB性能的影响	采用部分进料有效地提高了三元分离性能；与全投料方式相比，部分投料可获得更高的产量
重组蛋白	Mun(2011), Hanyang University	选择色谱体系，确定吸附等温参数	用微扰法测定了大肠杆菌细胞裂解液中链激酶的吸附等温线和聚块杂质馏分	链激酶的亨利常数在线性范围内；这些参数将用于进一步的SMB实验设计
重组蛋白	Gueorguieva et al (2011), Otto von Guericke University Magdeburg	设计并验证采用SMB工艺进行重组蛋白纯化	设计了一种包含两步盐梯度的SMB过程；运用平衡理论和平衡阶段模型；通过一系列SMB实验验证了该设计策略的有效性	采用三区开环两步梯度SMB工艺连续纯化链激酶，理论与实验结果吻合较好
琥珀酸(丁二酸)和乳酸	Nam et al(2011), Kongju National University	优化SMB工艺分离丁二酸和乳酸的生产率	通过一系列的单柱实验确定了传质参数和吸附等温线；通过仿真验证了测量数据的有效性；基于驻波设计(SWD)原理和NSGA-Ⅱ-JG优化了SMB工艺	压力等级对最佳产能的影响不大；取消最小切换时间限制后，生产率可提高20%

续表

物质	作者	目的	工作内容	结论和贡献
苯丙氨酸和色氨酸	Nam et al(2012), Hanyang University	验证溶剂梯度 SMB 工艺分离苯丙氨酸和色氨酸的优化结果	开发了实验室规模的 SG-SMB 装置;采用遗传算法(GA)进行优化;探索最佳的操作条件	实验数据与模拟结果吻合较好
绿茶提取物(表没食子儿茶素没食子酸酯)	Wang et al(2012), University of Science & Technology Liaoning	用两步 SMB 方法从茶多酚中分离表没食子儿茶素没食子酸酯(EGCG)	以 C18 键合硅胶为固定相,甲醇-水混合物为流动相;通过不同的甲醇用量建立了Ⅰ区和Ⅱ区溶剂梯度;根据三角理论选择适合中小企业的运行条件	第一步收集纯度 92.2%、EGCG 回收率 99.7%的棉水溶液,第二步 EGCG 纯度和回收率分别提高到 97.8% 和 99.8%
亚油酸乙酯和油酸乙酯	Cristancho et al (2012), Hamburg University of Technology	用两步超临界流体模拟移动床(SF-SMB)分离脂肪酸乙酯	固定相采用硅胶,流动相采用超临界二氧化碳;确定并应用了线性吸附等温线;进行了两步 SMB 实验	利用这种 SF-SMB 方法成功地分离出了具有很高商业价值的脂肪酸
α-生育酚	Wei et al(2012), Zhejiang University	采用双馈 SMB 工艺将 α-生育酚从其同源混合物中分离出来	在一个四区 SMB 系统中,通过断开Ⅰ区和Ⅱ区以及Ⅲ区和Ⅳ区建立双馈 SMB;分析了内浓度曲线	α-生育酚从其同源混合物中分离得到;与传统的 SMB 相比,生产率大大提高,溶剂消耗减少
流感病毒	Krober et al(2013), Otto von Guericke University Magdeburg	利用开环 SMB 方法将流感病毒与污染蛋白质分离	采用尺寸排除矩阵作为固定相;选择不同的操作条件,进行 SMB 实验;比较了 SMB 和单柱色谱的性能	这种 SMB 流程的生产率比批量模式高 3.8 倍;这种 SMB 工艺可以取代单柱不连续色谱

续表

物质	作者	目的	工作内容	结论和贡献
单链抗体片段	Cristancho et al (2013),Otto von Guericke University Magdeburg	研究单链抗体片段(ABF)的吸附-解吸行为,设计两步 pH 梯度 SMB 纯化该体系	采用商用固定金属离子亲和色谱柱(IMAC);采用脉冲实验法测定了 ABF 和杂质蛋白的吸附等温线;考察了流动相 pH 的影响;设计了一种开环三区两步 pH 梯度 SMB	利用平衡阶段真实移动床模型成功地预测了该过程的完整分离条件;SMB 的性能优于批处理
重组蛋白	Wellhoefer et al(2013),University of Natural Resources and Life Sciences Vienna	将连续包体溶解过程与基于闭环 SMB 色谱的再折叠过程相结合	通过 SMB 实现了重组蛋白的连续再折叠过程;将吞吐量、生产率和缓冲消耗与批处理过程进行比较	蛋白质的再折叠和裂解率提高了 10%;再折叠缓冲液的消耗显著减少
蛋白质加载纳米粒子	Satzer et al(2014),University of Natural Resources and Life Sciences Vienna	使用四区 SMB 通过尺寸排除色谱法纯化蛋白质负载的纳米颗粒	通过批量实验和三角形理论确定中小板的运行条件;采用 Sephacry 1300 26/70mm 柱;牛血清白蛋白(BSA)和 β-酪蛋白的转换时间分别为 5min 和 7min	在用牛血清白蛋白负载的情况下,纳米颗粒的纯度为 63%,回收率为 98%;在用 β-酪蛋白负载的情况下,纯度达到 89%,回收率达到 90%
愈创甘油醚对映体	Gong et al(2014),University of Porto	采用 SMB 法和 Varicol 法分离愈创甘油醚对映体	色谱柱填充纤维素-三(3,5-二甲苯基氨基甲酸酯)衍生物(Chiralcel OD)作为固定相;以正己烷-乙醇混合物为流动相;设计并实施了 SMB 和 Varicol 实验	两种工艺均可获得纯度均在 99.0%以上的产品;SMB 的产能为 0.42g/(d · cm^3 CSP),Varicol 的产能为 0.54g/(d · cm^3 CSP)

续表

物质	作者	目的	工作内容	结论和贡献
甲硫氨酸	Fuereder et al(2014)，ETH Zuerich	研究流动相和温度对SMB性能的影响	将吸附等温线、溶解度和柱背压视为甲醇含量和温度的函数；在此基础上，计算出最优产能，并确定相应的操作条件	该分离工艺的甲醇含量适中(25%～35%)；实验证明，较高的温度和较低的背压能更好地发挥作用
镧系和锕系元素	Sreedhar et al(2014)，Georgia Institute of Technology	设计SMB流程分离镧系(Ln)和锕系(An)	固定相为Reillex HPQ树脂，流动相为0.5～3.0mol/L硝酸；通过脉冲实验测量SMB设计的模型参数；应用数学模型进行预测	最佳硝酸浓度为3.0mol/L，可得到纯度为99.5%的产物
从亚麻籽油中提取的环肽C和环肽E	Okinyo-Owiti et al (2014)，University of Saskatchewan	使用三区SMB分离环肽C和环肽E	采用8柱3区SMB系统，其中1、2和3区分别包含3、2和3柱；流动相为无水乙醇(100%)	这是首次将SMB用于大量环肽的分离；对于这种困难的分离，SMB似乎是一种经济和高产量的系统
乙二醇醚酯	Agrawal et al(2014)，Georgia Institute of Technology	采用ModiCon SMBR法制备丙二醇乙酸甲酯	采用AMBERLYSTTM15作为催化剂和吸附剂；对常规SMBR和饲料浓度调制(ModiCon)模式的性能进行了研究和比较；采用一种多目标优化方法设计了SMBR	这是首次将ModiCon集成到SMBR操作中；ModiCon的生产效率比传统模式高12%～36%

续表

物质	作者	目的	工作内容	结论和贡献
D-阿洛酮糖	Wagner et al(2015)，ETH Zurich	对D-阿洛酮糖分离的SMB工艺进行多目标优化	采用逆方法测量模型参数；准备了2-2-2-2实验室规模的SMB设置；优化工作以生产效率和洗脱液用量为目标	结果表明，SMB工艺在分离D-阿洛酮糖与杂质的经济分离方面具有很大的潜力
二十碳五烯酸和二十二碳六烯酸	Li et al(2015)，Zhejiang University	用SMB法分离二十碳五烯酸和二十二碳六烯酸	固定相为C18硅胶，流动相为纯甲醇；采用脉冲实验测量模型参数；采用Langmuir模型描述吸附行为；完成SMB模拟工作	当进料浓度为100g/L时，产品纯度为99%，吸附剂用量为13.11g/(L·h)，溶剂用量为0.46L/g；仿真结果与实验数据吻合较好
琼脂糖水解酶组分	Kim et al(2015)，Hanyang University	利用SMB对半乳糖、乙酰丙酸(LA)和5-羟甲基糠醛(5-HMF)进行三元分离	采用前沿分析法确定模型参数；利用获得的参数设计SMB实验；在实验室中进行了开环SMB实验	实验结果与仿真预测吻合较好；这三个组分的分离纯度高、产量高、通量高
硫酸和糖	Sun et al(2016)，Sichuan University	选择合适的固定相替换不可用Diaion MA03SS；使用不同种类的树脂进行SMB分离过程	采用脉冲实验对6种树脂进行了筛选实验；初步筛选后，选择Dowex 1X4和Dowex 1X8进行下一步的SMB实验；比较Diaion MA03SS、Dowex 1X4和Dowex 1X8的SMB性能	Dowex 1X8的性能略高于Diaion MA03SS和Dowex 1X4

续表

物质	作者	目的	工作内容	结论和贡献
丁二醇、丙二醇	Liang et al(2016)，I-Shou University	用SMB色谱法纯化1,3-丙二醇(PDO)	固定相采用三菱SP70；研究了进料浓度对分离的影响；利用脉冲实验确定了Langmuir吸附等温线、动力学参数；采用ASPEN进行仿真	ASPEN仿真结果能较好地拟合实验数据
吡喹酮	Andrade Neto et al (2016)，Federal University of Rio de Janeiro	提出一种基于非线性模型预测控制(NMPC)的自适应控制系统	阐述了该模型的主要优点；给出了系统的数学模型、优化问题和控制策略；完成了SMB流程的建模、仿真和优化	萃取液和萃余液的纯度分别为99%和98.6%；观察到快速反应和平稳驱动
木二糖	Choi et al(2016)，Hanyang University	用SMB工艺分离木糖和低聚木糖	选用Dowex-50WX4树脂作为固定相；通过脉冲实验确定模型参数；进行了两组SMB实验	最终得到木糖的纯度为99.5%，回收率为92.3%；该方法可用于大规模工业生产
氨基鲁米特对映体	Lin et al(2016)，University of Porto	用SMB和Varicol分离氨基鲁米特对映体	以纤维素-三(3,5-二甲苯基氨基甲酸酯)为固定相，正己烷-乙醇混合物为流动相；一个五柱的Varicol过程与1/1.5/1.5/1配置和六柱的SMB过程与1/2/3/1配置进行了对比	最终得到纯度大于99.0%的R-氨基鲁米特(R-AG)和S-氨基鲁米特(S-AG)

续表

物质	作者	目的	工作内容	结论和贡献
葡萄糖和果糖	Tangpromphan et al (2018), Kasetsart University	制定用于葡萄糖和果糖分离的三区 SMB 流程的操作策略	减少解吸剂的消耗和泵的数量是两个主要目标；PR-PCO-NFZⅢ战略基于进出口转换原则和进出口关闭/开放技术	在一个三区 SMB 中使用 PR-PCO-NFZⅢ，成功地降低了溶剂消耗和所需的泵数量
酒石酸和甘油酸	Coelho et al(2018), University of Porto	用 SMB 分离酒石酸(TTA)和甘油酸(GCA)	使用了 1-2-2-1 配置 SMB 单元；固定相选用 Dowex 50WX-2；完成了 SMB 实验、仿真和优化	萃余液和萃取口的纯度分别为 80% 和 100%；得到了可用于工业生产的最佳工艺条件
海藻糖	Mun(2018), Hanyang University	在 SMB 分离过程中，优化生产速度、生产率和焦点产品集中度	基于驻波设计方法和遗传算法进行优化；选择产物浓度和压降作为约束条件；分别进行了单目标优化和多目标优化	得到了一组帕累托最优解；该结果有助于促进经济效益的焦点生产
桦木酸、齐墩果酸和熊果酸	Aniceto et al(2018), University of Aveiro	使用两步 SMB 过程分离桦木酸、齐墩果酸和熊果酸	采用前沿分析法确定模型参数；采用试验设计方法结合响应面法(DOE-RSM)对 SMB 进行设计和优化，并采用唯象严格模型进行仿真	桦木酸、齐墩果酸和熊果酸的纯度分别为 99.4%、99.1% 和 99.4%

续表

物质	作者	目的	工作内容	结论和贡献
香兰素和丁香醛	Yao et al(2018)，Xiamen University	使用异步3区SMB分离香兰素和丁香醛	以C18为固定相，乙醇/水为流动相；采用正面分析法确定模型参数；基于三角形理论选择中小企业的经营条件；结果与传统SMB过程中的结果进行了比较	这种异步的3区SMB方法首次被报道；进料流速比常规SMB提高44%；产品纯度达97%
岩藻糖	Hong et al(2019)，Hanyang University	通过水解和SMB过程合成海藻的焦点	进行了水解、预处理、脱色、去离子化处理；采用单柱实验设计SMB；第一步的水解产物通过两套SMB流程进行纯化	得到纯度为99.9%的岩藻糖；总的焦点损失保持在23%以下
芳烃/烷烃	Guo et al(2019)，Georgia Institute of Technology	应用并行方法设计一个用于芳烃/烷烃分离的SMB流程	模型体系选用甲苯、十二烷和环己烷的混合物；设计并建造了一个16柱SMB小型工厂；开发一种结合吸附测量、模型拟合和SMB模型预测的并行方法	首次开发了从等温线到小型工厂实验的完整SMB建模过程；对于某些复杂体系，SMB可以在不了解多组分吸附等温线的情况下进行

1.4 分离过程的设计和优化方法

1.4.1 吸附行为研究

分析色谱和制备色谱之间最显著的区别是将吸附等温线的有效范围扩展到了非线性区域。因此，在吸附等温线的整个范围内，必须准确测定单组分及其混合物的行为。根据吉布斯的说法，正如其他相平衡一样，吸附平衡是由所有相互作用相的化学势等式来定义的。

分子在固体表面的吸附可以达到显著的负载。表面浓度可定义为物质吸附量与吸附剂表面积之比（mol/m^2）。然而，吸附剂的有效内表面积通常难以确定，因为它取决于溶质的性质和大小。因此，建议使用吸附剂的质量或体积来代替表面积。然后将负载表示为 mol/g 或者 g/L。吸附剂体积可表示为吸附剂总体积 V_{ads}或固相体积（吸附剂总体积减去孔隙体积，$V_{ads}-V_{pore}$）。如式(1-1) 所示：

$$q_i^* = \varepsilon_p c_{p,i} + (1-\varepsilon_p) q_i \tag{1-1}$$

式中，$c_{p,i}$表示孔隙系统中组分 i 的浓度；ε_p 表示空隙率；

q_i^* 表示吸附剂总负荷；q_i 表示吸附剂的实际负荷。在恒温条件下，根据负载量 q 或吸附剂总负载 q^* 与液相中溶质浓度 c 的关系可以得到吸附等温线。在文献（Kümmel 和 Worch，1990）中描述了不同类型的吸附等温线（图 1-14）。

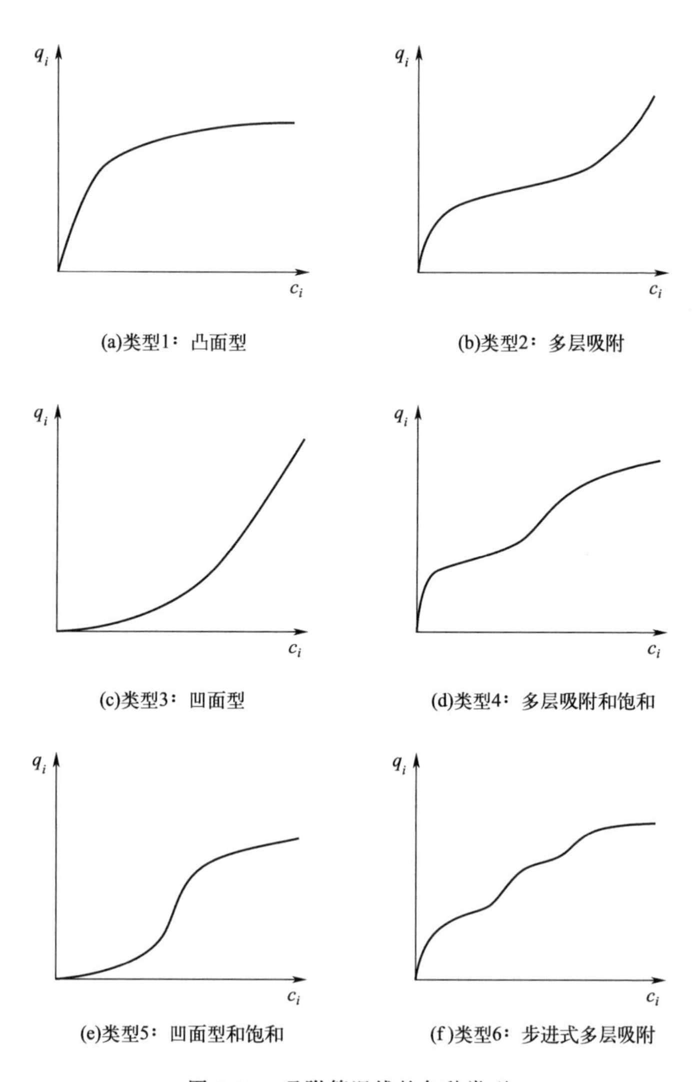

图 1-14　吸附等温线的各种类型

与常用的测定气/液平衡的热力学方法相比，吸附等温线的理论测定还没有非常成熟。目前只能通过多种实验方法，在采集大量实验数据的基础上进行预测，这些方法在下文中会有详细的说明。

吸附等温线对色谱图的影响最大，因此，必须利用目前所测得的所有模型参数，以较高的精度确定单组分和多组分吸附等温线，保证模拟结果的准确性。

1.4.1.1 常见吸附模型介绍

(1)线性等温线

当色谱工作区流动相浓度较低且保留时间保持恒定时，吸附等温线在线性范围内。流动相与固定相浓度的关系可表示为：

$$q_i = H_i c_i \tag{1-2}$$

式中，q、c 分别为各组分在固定相和流动相中的平衡浓度；H 是亨利常数；i 代表不同的组分。据许多研究者报道，大多数糖类能较好地遵循线性等温吸附模型，如果糖、葡萄糖、木糖和一些低聚糖等。在 Long 等的工作中，通过实验分析确定 D-阿洛酮糖和 D-果糖的吸附等温线参数，结果表明，其吸附性能在测定范围内呈线性[19]。Vankova 等于 2010 年采用前沿分析法测定了低聚果糖、葡萄糖、果糖和蔗糖在 Ca^{2+} 阳离子交换色谱柱上的线性吸附等温线[20]。Vankova 和 Wisniewski 等都成功地将线性吸附模型应用于 SMB 模拟和优化工作中，完成了低聚果糖和低聚半乳糖的分离纯化[21-22]。

(2)朗缪尔(Langmuir)等温线

对于某些体系，各组分的吸附等温线不能用简单的线性模型来描述。各组分与吸附剂之间的相互作用和影响不可忽略，为了解决这一问题，提出了 Langmuir 等温线模型，如式(1-3) 所示。单组分的 Langmuir 吸附等温线模型如图 1-15 所示。

$$q_i^* = \frac{q_s b_i c_i}{1+\sum b_i c_i} \quad (i=\mathrm{A,B}) \tag{1-3}$$

式中，q_s 是固定相的吸附容量；q_i^* 是吸附总量；c_i 是流动相中物质 i 的浓度；b_i 是速率常数的比值。这种模型广泛地应用于描述手性药物的吸附行为。(R,S)-扁桃酸是一种典型的含有两种对映体的手性体系，Jandera 等利用 Langmuir 等温线通过不同方法对扁桃酸的吸附行为进行建模，最终与实验结果非常吻合[23]。Skavrada 等利用该模型确定了 CHIRIS AD1 和 CHIRIS AD2 柱上 1,1′-联-2-萘酚的吸附等温线[24]。在 Wang 和 Ching 的工作中，Langmuir 模型很好地描述了纳多洛尔对映体的吸附等温线[25]。da Silva 等研究了氯胺酮对映体的色谱分离参数，用 Langmuir 模型可以进行很好的拟合[26]。

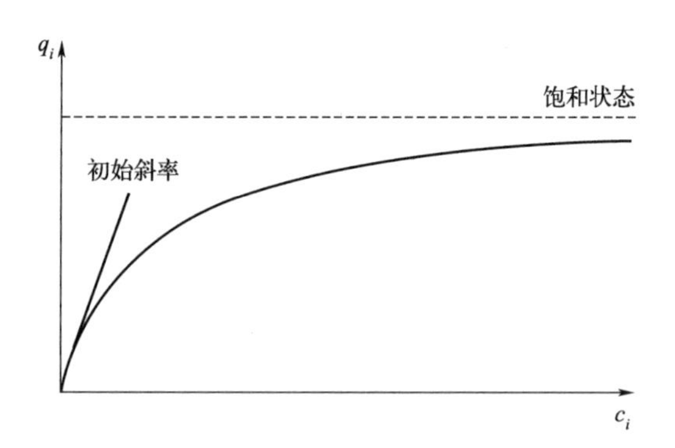

图 1-15　单组分 Langmuir 吸附等温线模型

(3) 非线性吸附 (bi-Langmuir) 等温线

与 Langmuir 模型不同，bi-Langmuir 等温模型假设固定相表面包含两种不同类型的结合位点，即非选择性和选择性结合位点。各组分对非选择性位点的吸附亲和力相同，而不同组分对选择性位点的吸附亲和力不同。这个模型通常写成：

$$q_i^* = \frac{q_{1s} b_{1,i} c_i}{1 + b_{1,A} c_A + b_{1,B} c_B} + \frac{q_{2s} b_{2,i} c_i}{1 + b_{2,A} c_A + b_{2,B} c_B} \quad (i = A, B) \qquad (1\text{-}4)$$

式中，q_{1s}和q_{2s}为两个位点的饱和容量；$b_{1,i}$和$b_{2,i}$是两种组分的两个位点的平衡常数。该吸附等温模型被广泛应用于手性药物的模拟工作中，以准确描述手性分子的竞争保留机制。在 Zhang 等的研究中，吲哚洛尔对映体在 α1-酸性糖蛋白手性固定相上的吸附等温拟合符合 bi-Langmuir 模型，并通过不同测量值对结果进行了验证[27]。Xu 等利用反相法成功地确定了 Chiralpak AD 柱吸附酮洛芬的 bi-Langmuir 模型的 5 个参数[28]。Felinger 等使用并测试了几种等温吸附模型来描述 1H-茚酚对映体的吸附行为，其中 bi-Langmuir 模型的模拟结果最为优异[29]。

1.4.1.2 吸附等温线测定方法

吸附等温线数据可以通过几种不同的方法获得，它们在精度、测量效率、样品消耗量和准确性方面都有各自的优势和局限性。前沿分析法（frontal analysis，FA）被认为是目前测定吸附等温线最精确的方法。在 FA 中，固定相中的平衡吸附量是由实验直接测定的，将平衡数据拟合到不同的吸附等温模型中，即可得到对应的等温线参数。另一种常用的方法是脉冲实验法（pulse method，PM），该方法将不同进料浓度、不同流量下的模拟流出曲线与实验流出曲线进行最小二乘法拟合，得到等温线参数。两种方法均具有较高的准确度，但样品消耗量大、耗时较长。数值计算方法也可用于从流出曲线确定竞争吸附等温线，即逆解法（inverse method，IM），可以快速地估计等温线参数的最佳值，通过最小化从模型得到的流出量和从实验测量的流出量之间的差异来进行计算。James 等首次使用 IM 测定酮洛芬对映体在纤维素基手性固定相上的竞争吸附等温线参数。Vajda 等对脯氨酸在亲水性相互作用色谱中的吸附等温线参数进行了实验分析和 IM 计算的比较研究，证明 IM 的结果较为准确。与 FA 和 PM 相比，IM 测定速度快、消耗样品量最少，但该方法得到的等温线只能在较窄的浓度范围内使用。

(1) 前沿分析法

前沿分析法是确定等温线最常用的方法之一。在 $t=0$ 时，向色谱柱注入浓度为 c 的阶跃信号，直到 t_{inj}（注入时间）$=t_{\mathrm{des}}$（洗脱时间），此时进料浓度再次降低到初始进料浓度。注入体积必须足够大，以达到平台浓度，从而产生如图 1-16 所示的纯组分吸附和解吸的典型穿透曲线，柱初始平衡浓度为 c^{I}。

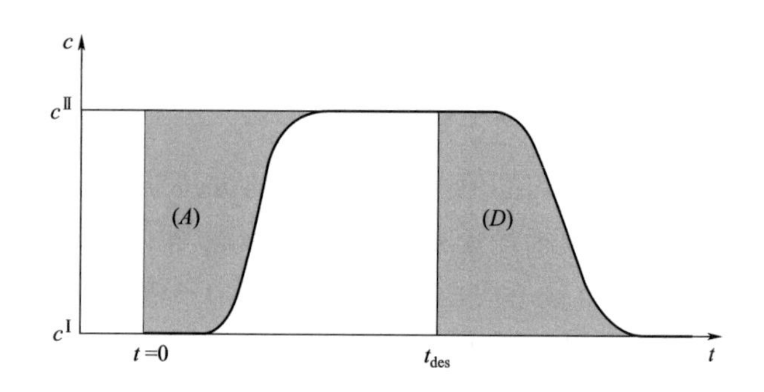

图 1-16　纯组分吸附和解吸的典型穿透曲线

浓度流出曲线达到平台需要一定的时间。在此吸附期间，重新建立新的平衡，以液体浓度为进料浓度 c^{II}。同样地，在解吸过程中，初始平衡进行重建。如果能建立这样的梯度式穿透曲线，该实验过程将更易于实现和更加自动化。

用数值积分法计算总质量平衡是评价平衡的一种非常有效的

方法。图 1-16 中的面积，(*A*) 相当于色谱柱内积累的溶质，溶质被分解在固定相和流动相中。在已知状态Ⅰ的条件和总孔隙率的情况下，可以用积分质量平衡来计算吸附量，$q^{\mathrm{II}}=q(c^{\mathrm{II}})$：

$$V_{\mathrm{plant}}(c^{\mathrm{II}}-c^{\mathrm{I}})+V_{\mathrm{c}}\{\varepsilon_{\mathrm{t}}(c^{\mathrm{II}}-c^{\mathrm{I}})+(1-\varepsilon_{\mathrm{t}})[q(c^{\mathrm{II}})-q(c^{\mathrm{I}})]\}$$

$$=V\int_{0}^{t_{\mathrm{des}}}[c^{\mathrm{II}}-c(t)]\mathrm{d}t \qquad (1\text{-}5)$$

式中，V_{plant}为系统体积；V 为总体积；c 为浓度；V_{c} 为色谱柱体积；ε_{t} 为空隙率；q 为流量。

如果在没有连接色谱柱的情况下将溶质注入装置，则可以在穿透曲线的拐点估算系统的死亡时间。由此产生的平台也可以说明由进料浓度产生的信号不超过检测器的范围。

在多组分吸附等温线测定时，前提条件是在洗脱过程中测量每个溶质的浓度分布。这可以通过使用特定检测器或收集多个组分结合化学分析的方法来实现。例如，通过使用不同波长的紫外线检测或设置多检测器，对于二元组分分离，后者必须提供两个独立的信号。图 1-17 给出了二元混合（Langmuir 型吸附）组分吸附与解吸的典型穿透曲线。以实线表示吸附较弱组分的浓度分布，以虚线表示吸附较强组分的浓度分布。

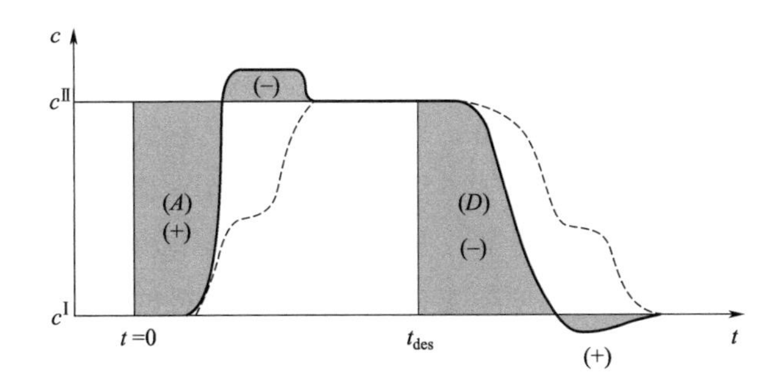

图 1-17　二元混合组分吸附与解吸典型穿透曲线

第一洗脱组分（轻组分）的进料浓度 c^{II} 以上的增加是由于

吸附较强的第二组分的位移。利用式(1-5) 计算各组分的平衡吸附量。对于第一洗脱组分，区域（+）和（−）分别说明了积分中的正贡献和负贡献。对于单一组分，可以使用吸附面积（A）或解吸面积（D）进行计算。对于 $c^{\mathrm{I}}=0$，解吸剖面中没有发现正贡献。

在朗缪尔型等温线的情况下，以 t_{R} 为曲线前端拐点的时间，由式(1-6) 可以得到吸附量 q^{II}。

$$t_{\mathrm{R}}=t_{\mathrm{plant}}+t_0\left[1+\frac{1-\varepsilon_{\mathrm{t}}}{\varepsilon_{\mathrm{t}}}\times\frac{q(c^{\mathrm{II}})-q(c^{\mathrm{I}})}{c^{\mathrm{II}}-c^{\mathrm{I}}}\right] \tag{1-6}$$

式中，t_{plant}为系统时间。

综上所述，前沿分析法只测量平衡态，从而消除了动力学效应造成的误差。但由于每次注射只测定一个平衡点，溶质消耗量大、实验工作量大。如果动力学效应很强，那么达到相平衡所需的时间相当长，这一点就更重要。闭环操作可用于减少溶质的消耗。与其他测量方法相比，它通常提供了最好的精度。检测器校准直接从平台上的信号值获得，如果有合适的离线分析方法或溶质特异性检测器可用，就可以确定多组分的吸附等温线。

(2) 脉冲实验法

脉冲实验法主要通过一系列不同样品浓度的脉冲注射得到流出曲线。将不同进料浓度、不同流量下的模拟流出曲线与实验流出曲线进行最小二乘法拟合，即可得到等温线参数。所得值对动力学效应的敏感性低于其他方法，具有局限性。检测器校准的精确程度会直接影响浓度分布，从而影响等温线。由于该方法依赖于吸附平衡的假设，因此需要具有几千个理论级的高效色谱柱来避免动力学效应的影响。对于极低浓度样品，实验误差较大。

(3) 微扰法

微扰法也依赖于平衡理论，是由 Reilley 等首先提出的。从线性色谱中可以知道，通过少量脉冲注入纯洗脱液柱的保留时间可以得到等温线的初始斜率。这种方法被扩展到覆盖整个等温范围。以单组分系统为例（图 1-18），过程如下：以浓度 c_a 的溶液冲洗色谱柱至平衡，一旦吸附平衡状态建立，在开始时间 $t_{S,a}$ 注入一个小脉冲，在相应的保留时间 $t_{R,a}$ 可以检测到一个不同浓度的脉冲峰。

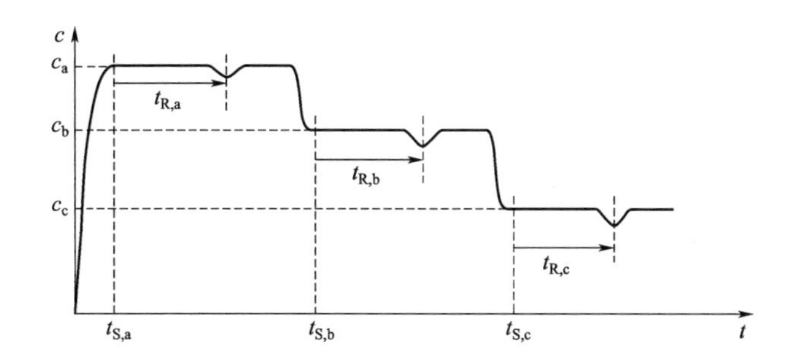

图 1-18　单组分系统微扰动法原理（低浓度样品）

脉冲注入的浓度可以高于或低于平台浓度 c_a。为了保持柱内的平衡条件，浓度不应该偏离 c_a 太多，注入体积应该很小，但必须注意所得到的峰的尺寸要足够大，以便与信号干扰（噪声区）区分开来。在实践中，注入量很小的纯洗脱液往往能提供足够的准确性。

根据平衡理论，小扰动的洗脱取决于高浓度时的等温线斜率。由于扰动峰几乎为高斯分布，故取峰值最大值和最小值处的时间，即可通过式(1-7) 简单计算等温线斜率：

$$t_{R,i}(c_i^+)=t_0\left(1+\frac{1-\varepsilon_t}{\varepsilon_t}\times\left.\frac{\partial q_i}{\partial c_i}\right|_{c_i^+}\right) \tag{1-7}$$

与脉冲实验法相比，该方法的一个优点是，对于微扰的注入，流动相与固定相平衡的假设更贴近实际。因此，微扰法对色谱柱的级数不敏感。此外，不需要校准检测器，分析也不需要特定的检测器。

该方法的优点是与前沿分析法相结合，结果更加准确，但是同样需要达到一个浓度平台，因此样品消耗量比较大。整个测量过程从最大浓度开始，这个浓度平台一步一步地通过稀释溶液来减少。为了减少等温线测定所需的样品量，实验可以采用闭环布置，同时实现自动化。

(4)曲线拟合法

曲线拟合法是基于过程模型的参数估计方法，也可用于等温线参数的预测，这就需要选择合适的吸附模型和柱模型。如果确定了装置参数、填料参数和校准曲线，则可以在纯组分等温线的线性范围内通过小脉冲注射估计传递系数。亨利系数应该利用公式(1-8) 和动量分析实验得到。然后，利用一系列过载脉冲或穿透注入曲线（首先是单组分系统，然后是混合物系统）的参数通过曲线拟合估计等温线参数。对于所有的参数估计工具，都需要提供初值。为了覆盖较宽的溶质浓度范围，经验峰应该尽可能高。

$$H=\frac{1}{(1-\varepsilon_t)}\left(\mu_{t,c}\frac{V}{V_c}-\varepsilon_t\right)\mu_{t,c}=t_{R,lin}$$

$$=\mu_{t,c+plant+inj}-t_{plant}-\frac{t_{inj}}{2} \tag{1-8}$$

式中，H 为亨利常数；ε_t 为空隙率；$\mu_{t,c}$为与时间有关的参数，计算公式已列出；V_c 为色谱柱体积；V 为总体积。

与其他方法相比，该方法的缺点是所有误差都集中在等温线参数中，而不是有效传质系数中，这是因为选择了错误的柱模型或等温线模型。因此，建议这种方法只用于快速了解系统的吸附行为，而不是进行完整的分析，特别是在研究各组分间有相互作用的二元混合物时。如果只猜测或忽略某些参数，结果的可靠性将进一步降低。

1.4.2 色谱柱模型

为了对吸附行为进行研究和计算，需要建立相应的吸附模型，大多数经典色谱柱模型在计算过程中考虑了以下两种或两种以上的影响：

① 对流。

② 分散。

③ 吸附剂颗粒的传质。

④ 孔隙扩散。

⑤ 表面扩散。

⑥ 吸附平衡。

此外，在建模过程中，考虑了以下假设：

① 柱填料均匀。

② 过程等温。

③ 流体的性质是恒定的，例如流量和黏度等。

④ 轴向弥散系数是恒定的。

⑤ 粒子内部没有对流。

⑥ 尺寸排除效应可以忽略不计。

本节介绍的所有柱模型由 Guiochon 等、Ruthven、Seidel-Morgenstern 等所研究总结[30-33]。

1.4.2.1 理想平衡模型

这是色谱中最简单的模型，它只建立在固液相间的对流和热力学的基础上。它假定流动相和固定相之间存在局部平衡。由 Wicke 首次用于描述单组分的洗脱过程。随后，de Vault 推导出了物质平衡的正确形式。理想平衡模型忽略了轴向扩散的影响以及所有的传质和动力学效应，具体形式如下：

$$
\begin{aligned}
&D_{ax}=0\\
&D_{pore,i}=D_{solid,i}=\infty \qquad (1\text{-}9)\\
&k_{ads,i},k_{des,i},k_{film,i}=\infty
\end{aligned}
$$

式中，D_{ax} 为轴向扩散系数；$D_{pore,i}$、$D_{solid,i}$ 分别为孔间、固相扩散作用；$k_{ads,i}$、$k_{des,i}$、$k_{film,i}$ 分别为吸附、解吸、相间传质系数。

因此，吸附剂内的负载量（q）和浓度（c）是恒定的，而不是粒子半径的函数。进一步的简化产生于缺少相间传递阻力。因此，液相中的浓度（c_i）与颗粒孔中的浓度（$c_{p,i}$）是相同的。

$$
\left.\begin{aligned}
c_{p,i}&=\bar{c}_{p,i}\\
q_i&=\bar{q}_i
\end{aligned}\right\}\neq f(r)
$$

$$
c_i=c_{p,i} \qquad (1\text{-}10)
$$

柱体质量平衡方程如下：

$$
\frac{\partial c_{ij}}{\partial t}+\frac{1-\varepsilon}{\varepsilon}\times\frac{\partial q_{ij}}{\partial t}+u\frac{\partial c_{ij}}{\partial z}=0 \quad (i=\mathrm{A,B}) \qquad (1\text{-}11)
$$

式中，c 和 q 分别为流动相和固定相中溶质的浓度；下标 j 代表不同的组分；ε 为床层空隙率；t 为时间；z 为空间坐标；u 为间隙流体速度。该模型在 1939 年首次由 Wicke 报道并用于单个组分的洗脱，之后 Schmidt-Traub、Lapidus 和 Amundson、Van Deemter 等将该模型应用于分析线性和非线性系统的情况[34-36]。由于数学方法的改进，这项工作后来扩展为一个比较全面的理论。Helfferich 等和 Rhee 等研究了非线性波动理论和特征方法的应用，他们为多组分朗缪尔等温线方程提供了解析解。

平衡理论的主要优点之一是能够预测多组分色谱中发生的一些基本现象，如置换效应和伴随效应。另一个应用是作为初步工艺设计的简便方法。由于平衡理论模型没有考虑扩散的影响，因此不能进行准确的预测。

1.4.2.2 平衡扩散模型（equilibrium dispersive，ED）

该模型经常用于设计和优化色谱系统，基于理想模型，在质量平衡计算过程中考虑了轴向扩散项。形式上忽略了所有的动力学和传质效应，因此仍然具有热力学平衡，粒子内部的浓度不变，液体和孔隙中的浓度相等：

$$
\begin{aligned}
&D_{\mathrm{solid},i}=D_{\mathrm{pore},i}=\infty \\
&k_{\mathrm{ads},i},k_{\mathrm{des},i},k_{\mathrm{film},i}=\infty \\
&\left.\begin{aligned} c_{\mathrm{p},i}&=\bar{c}_{\mathrm{p},i} \\ q_i&=\bar{q}_i \end{aligned}\right\}\neq f(r) \\
&c_i=c_{\mathrm{p},i}
\end{aligned}
\tag{1-12}
$$

如前所述，几个参数的影响通常可以整合在一起。在这种情况下，所有的带增宽效应都包含在扩散系数中。这里用所谓的表观扩散系数 D_{app} 来区别轴向扩散系数 D_{ax}，假设轴向扩散系数 D_{ax} 与浓度无关，只受填料质量的影响。集总参数 D_{app} 包括填料的流体动力学（轴向扩散）引起的峰展宽效应，以及可能发生的所有其他质量传递效应，它是由 van Deemter 等首先提出的。

$$D_{\mathrm{app}}=f(D_{\mathrm{ax}},D_{\mathrm{solid}},D_{\mathrm{pore}},k_{\mathrm{film}},c_i\cdots,c_{N_{\mathrm{comp}}},u_{\mathrm{int}}) \tag{1-13}$$

对于非线性等温线，表观扩散系数一般也取决于浓度。与大多数集总参数一样，它通常取决于间隙速度。尽管只使用一个参数来描述填料的传质阻力和流体动力学，但在塔板效率较高的情况下，该模型与更详细的模型之间的差异几乎消失了，实验与模拟的结果非常接近。

加入集总表观扩散系数后，可以描述 ED 模型如下：

$$\frac{\partial c_{ij}}{\partial t}+\frac{1-\varepsilon}{\varepsilon}\times\frac{\partial q_{ij}}{\partial t}+u\,\frac{\partial c_{ij}}{\partial z}=D_{\mathrm{a}}\,\frac{\partial^2 c_{ij}}{\partial z^2}\quad (i=\mathrm{A},\mathrm{B}) \tag{1-14}$$

研究人员成功地利用该模型设计了多种色谱分离系统[37-39]。

1.4.2.3 传递扩散模型（transport dispersive，TD）

第三种模型特点是，除了轴向扩散外，还有一个描述速率约束条件的第二个参数。第二个参数将模型细分为质量传递或动力学项为速率限制的模型。不考虑颗粒内部的浓度分布，形式上，吸附剂内部的扩散系数假定为无穷大。

$$D_{\text{solid},i}=D_{\text{pore},i}=\infty$$

$$\left.\begin{aligned} c_{\text{p},i}&=\bar{c}_{\text{p},i} \\ q_i&=\bar{q}_i \end{aligned}\right\}\neq f(r) \tag{1-15}$$

TD 模型在模型表达中加入了轴向扩散和传质效应。由于传质项是由线性驱动力定义的，通常情况下认为传质是由固相阻力主导的。引入了传输系数 k_{eff} 来描述内外传质阻力：

$$k_{\text{eff},i}=f[D_{\text{solid}},D_{\text{pore}},k_{\text{film}},c_i\cdots,c_{N_{\text{comp}}},u_{\text{int}}] \tag{1-16}$$

假设 $k_{\text{eff},i}$ 与轴向扩散无关，因此与填料装填质量无关。例如，与 D_{ax} 相比，k_{eff} 对流体速度的依赖要小得多。

传递扩散模型由流动相中与孔隙浓度有关的平衡方程构成，TD 模型一般写成：

$$\frac{\partial c_{ij}}{\partial t}+\frac{1-\varepsilon}{\varepsilon}\times\frac{\partial q_{ij}}{\partial t}+u\frac{\partial c_{ij}}{\partial z}=D_{\text{a}}\frac{\partial^2 c_{ij}}{\partial z^2}\quad(i=\text{A},\text{B}) \tag{1-17}$$

$$\frac{\partial q_{ij}}{\partial t}=k_m(q_{ij}^*-q_{ij}) \tag{1-18}$$

式中，D_{a} 为分散系数；k_m 为传质系数；q^* 为各组分在固相与流动相中的平衡吸附量。该模型已被许多研究者应用于色谱分离过程模拟和优化工作中，能很好地描述传质行为[40-43]。

1.4.2.4 通用速率模型

通用速率模型（general rate models，GRM）是最详细的模型。除了轴向扩散外，还使用了其他两个参数来描述传质效应。

这两个参数可以将液体中的传质薄膜和内部孔隙以及表面各种扩散吸附动力学结合起来。为了描述主要的应用领域，这里只给出了一个小的具有代表性的选择。

前文讨论了使用相间传递、孔隙扩散、表面扩散和吸附动力学的综合方法的基本方程。因此，无须进一步简化就可以推导出模型方程。与前几个模型相比，由于考虑了颗粒孔内的径向传质，浓度和载荷沿颗粒呈半径分布，因此平均浓度必须单独计算。

液相中的质量平衡包括液体内部的积累、对流、轴向扩散和通过颗粒外部的液膜的传质，如式(1-19) 所示：

$$\frac{\partial c_i}{\partial t}+u_{\text{int}}\frac{\partial c_i}{\partial x}+\frac{1-\varepsilon}{\varepsilon}\times\frac{3}{r_{\text{p}}}k_{\text{film},i}[c_i-c_{\text{p},i}(r=r_{\text{p}})]=D_{\text{ax}}\frac{\partial^2 c_i}{\partial x^2} \tag{1-19}$$

孔隙和固相的微分质量平衡：

$$\frac{\partial c_{\text{p},i}(r)}{\partial t}=\frac{1}{r^2}\times\frac{\partial}{\partial r}\left(r^2 D_{\text{pore},i}\frac{\partial c_{\text{p},i}(r)}{\partial r}\right)-\frac{1-\varepsilon_{\text{p}}}{\varepsilon_{\text{p}}}\psi_{\text{reac},i}(r) \tag{1-20}$$

$$\frac{\partial q_i(r)}{\partial t}=\frac{1}{r^2}\times\frac{\partial}{\partial r}\left(r^2 D_{\text{solid},i}\frac{\partial q_i(r)}{\partial r}\right)+\psi_{\text{reac},i}(r) \tag{1-21}$$

$$\psi_{\text{reac},i}(r)=k_{\text{ads},i}q_{\text{sat},i}\left(1-\sum_{j=1}^{N_{\text{comp}}}\frac{q_j(r)}{q_{\text{sat},j}}\right)c_{\text{p},i}(r)-k_{\text{des},i}q_i(r) \tag{1-22}$$

固定相中的两个平衡和吸附动力学必须由等温方程和一个粒子的整体平衡方程来表述。后者可以联系式(1-16)、式(1-17) 推导得到：

$$\varepsilon_{\text{p}}\frac{\partial c_{\text{p},i}}{\partial t}+(1-\varepsilon_{\text{p}})\frac{\partial q_i}{\partial t}=\frac{1}{r^2}\times\frac{\partial}{\partial r}\left[r^2\left(\varepsilon_{\text{p}}D_{\text{pore},i}\frac{\partial c_{\text{p},i}}{\partial r}+(1-\varepsilon_{\text{p}})D_{\text{solid},i}\frac{\partial q_i}{\partial r}\right)\right] \tag{1-23}$$

Gu 等提出了一个更简洁的通用速率模型，该模型只考虑颗粒内部的孔隙扩散。

$$\varepsilon_{p}\frac{\partial c_{p,i}}{\partial t}+(1-\varepsilon_{p})\frac{\partial q_{i}}{\partial t}=\varepsilon_{p}\frac{1}{r^{2}}\times\frac{\partial}{\partial r}\left(r^{2}D_{pore,i}\frac{\partial c_{p,i}}{\partial r}\right) \tag{1-24}$$

原来的模型考虑 $c_{p,i}$ 与 q_i 之间的吸附平衡，后来引入了吸附动力学。Gu 等忽略表面扩散的方法是合理的，因为在吸附色谱中，所谓的“低亲和力”吸附剂，其中自由孔隙扩散的传递主导了表面扩散。只有具有明显微孔体系的吸附剂（“高亲和”吸附剂）才会出现表面扩散主导孔隙扩散的情况，此时必须采用式(1-19)～式(1-21) 组成的模型。在这些高亲和力吸附剂中，负载量比正常的吸附色谱高几个数量级，由此产生的高负载梯度导致表面扩散占主导地位。注意，如果将孔隙扩散系数取为包含孔隙和表面扩散的集总浓度依赖参数，则式(1-23) 和式(1-24) 相同。

1.4.2.5 级数模型

平衡级数或理论板模型是用一种完全不同的方法来描述色谱柱。不同于动态微观平衡，采用一系列相似的 N 个理论板来模拟整根色谱柱，每个板或每一级都充满了完全混合的液体和固体。目前已报道的克雷格模型是基于每个阶段停留时间不变的假设。另一种级数模型由 Martin 和 Synge 提出，它相当于反应中常见的搅拌槽串联的概念。这里用这个模型来说明“级数”在色谱中的应用。

假定流动相在 N 个理想搅拌槽的叶栅中恒定流动，每个槽的总体积为 V_c/N。在每个容器中，固定相占一部分，等于 $(1-\varepsilon_t)$，而液体的体积相和孔隙相的浓度是相同的。这导致了以下的第 k 个罐的质量平衡，其中积累量等于进口和出口流股之间的差值：

$$\frac{V_c}{N}\left(\varepsilon_t \frac{\partial c^k}{\partial t}+(1-\varepsilon_t)\frac{\partial q^k}{\partial t}\right)=V(c^{k-1}-c^k) \tag{1-25}$$

此外，假设浓度 c 和吸附量 q 之间存在平衡。扩散和传质阻力之间的展宽效应由容器的数量 N（或级数）来表示，这可以通过计算公式(1-25）的解析解来解释。对于线性吸附和单组分的脉冲注射，会产生一个伽马密度函数（浓度曲线）。通过保留时间 $t_{R,lin}$得到最后一个容器的浓度（$k=N$）：

$$c^N(t)=\frac{m_{inj}}{V}\times\frac{N}{t_{R,lin}}\left(\frac{Nt}{t_{R,lin}}\right)^{N-1}\frac{1}{(N-1)!}\exp\left(-\frac{Nt}{t_{R,lin}}\right) \tag{1-26}$$

对于每个组分，必须使用不同的级数来解释单个的频带展宽(这是级数模型的主要缺点)，这使得在多组分分离中无法得到对每个组分的洗脱行为的适当描述。

1.4.2.6 色谱柱的初始条件和边界条件

在数学上，所有模型都会组成一个（偏）微分和代数方程系统。为了求解这些方程组，必须确定色谱柱的初始条件和边界条件。浓度和吸附量的初始条件是指它们在 $t=0$ 时刻的值。一般情况下，假设其值为零：

$$\begin{aligned} c_i&=c_i(t=0,x)=0\\ c_{p,i}&=c_{p,i}(t=0,x,r)=0\\ q_i&=q_i(t=0,x,r)=0 \end{aligned} \tag{1-27}$$

由于没有吸附剂进入或离开色谱柱，需要找到合适的入口和出口边界条件，以实现流动相的质量平衡。在柱入口经常使用的一种形式是由 Danckwerts 导出的扩散系统经典的“封闭边界条件”：

$$c_i(t,x=0)=c_{in,i}(t)-\frac{D_{ax}}{u_{int}}\times\frac{\partial c_i(t,x=0)}{\partial x} \tag{1-28}$$

一般来说，必须实现质量传递流股在柱进口和出口的总体平衡。在式(1-28）中，封闭边界条件是通过使色谱柱外的扩散系数等于零得到的。在开放的系统中，色谱柱延伸到无穷远，在这些极限中浓度变化为零。

对于实际的色谱系统，扩散系数通常很小，因为级数非常多（$N>100$）且以对流为主。因此，将式(1-28）简化为：

$$c_i(t,x=0)=c_{\mathrm{in},i}(t) \tag{1-29}$$

入口函数的一个常见条件是矩形脉冲，即在给定的时间周期（t_{inj}）内注入恒定的进料浓度 $c_{\mathrm{F},i}$：

$$c_{\mathrm{in},i}(t)=\begin{cases} c_{\mathrm{F},i} & t\leqslant t_{\mathrm{inj}} \\ 0 & t>t_{\mathrm{inj}} \end{cases} \tag{1-30}$$

出口边界条件一般假定为流体浓度梯度为零：

$$\frac{\partial c_i(t,x=L_{\mathrm{c}})}{\partial x}=0 \tag{1-31}$$

式中，L_{c} 为柱长。值得注意的是，在任何情况下，式(1-29）都是不存在轴向扩散的，因此通常使用起来很方便。在实践中，不同边界条件的解之间的差异往往可以忽略。在数值模拟中，边界条件的有效性需要通过计算进口和出口处的质量平衡来最终确定。

1.4.3 色谱柱填料和固定相

吸附剂可以根据其化学组成进行分类。一般来说，有活性炭、沸石、多孔玻璃和多孔氧化物，具体如二氧化硅、氧化铝、二氧化钛等，以及交联有机聚合物。前者是典型的吸附剂，具有晶体或非晶体结构，亲水或疏水表面性质。区分它们与交联有机聚合物的主要标准是它们的高表观密度和孔隙率，孔隙率是永久性的，除非在某些条件下，例如非常高的压力下会有所改变。无机吸附剂的结构更类似于微粒结构而不是交联网络结构。

聚合物的机械强度是通过交联来实现的，由此形成了一个三维的碳氢链网络。根据交联程度，可以得到软凝胶（如琼脂糖）和高密度聚合物凝胶。聚合物的体积密度比无机吸附剂低得多。交联聚合物凝胶的亲水性和疏水性是由主链聚合物的化学组成以及表面性质决定的。即使在高度交联的情况下，聚合物仍表现出膨胀孔隙，即聚合物吸附剂的孔隙率取决于溶剂的类型。例如，软凝胶的体积在浸没到溶剂中时可以比在干燥状态下高十倍。对于这两种类型的吸附剂，其孔隙率和孔隙结构都可以通过添加剂来控制，如模板剂、体积改性剂（所谓的多孔剂）和其他添加剂。

疏水性和亲水性经常被用来表征吸附剂性能。亲脂性和疏脂性用来表征有机化合物的极性。表 1-2 总结了制备色谱中使用的不同柱填料和固定相。

表 1-2　制备色谱中使用的不同柱填料和固定相总结

装填类型	极性	类型	流动相
正常装填	极性	不同的孔隙大小和比表面积	非极性、中等极性的流动相
反向填料	非极性	具有正烷基硅基的反相硅、具有疏水聚合物涂层的反相硅、疏水交联有机聚合物、多孔碳	水、有机流动相
中等极性填料	介于极性与非极性之间	有丙基氰基键合的硅、有二醇基键合的硅、有氨基键合的硅	缓冲溶剂、有机流动相（反相条件）、中等极性有机流动相
手性选择性填料	极性或者非极性	具有对映选择性结构或对映选择性表面的填料、微晶三醋酸纤维素、纤维素酯或纤维素、氨基甲酸酯/二氧化硅复合材料、光学活性聚（丙烯酰胺）/二氧化硅复合材料、化学改性二氧化硅（Pirkle 相）、环糊精改性二氧化硅	可使用正相或反相流动相操作

1.4.4 模型参数的确定

基本的思路是从容易测得的参数开始，然后用它们来确定更复杂的参数。该过程分为以下步骤（图 1-19）：

① 确定柱效应参数，如死体积、死时间和柱内返混；

② 校准检测器，确定标准曲线；

③ 确定色谱柱床层的空隙率、孔隙率、扩散系数以及压降参数；

④ 确定纯组分和混合物的吸附平衡；

⑤ 确定（可吸附）溶质的传递系数。

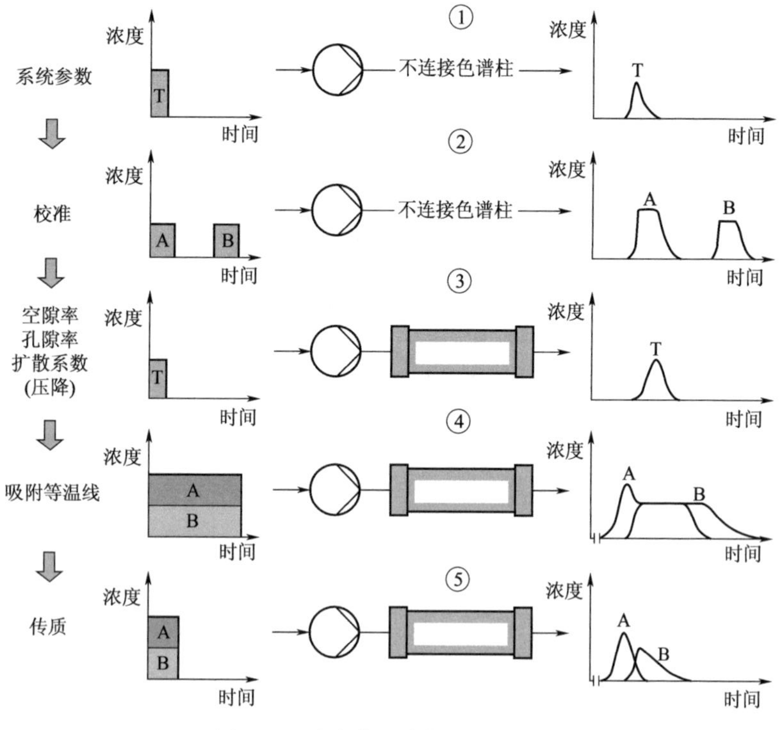

图 1-19　确定模型参数的一般思路

T—示踪剂；A、B—溶质

实验方法主要以脉冲实验或前沿分析法为基础，得到相应的流出曲线或穿透曲线，并对得到的色谱图进行分析。具体的实验条件，特别是使用的材料（吸附剂、洗脱液）应该与实际应用相同或至少相当，以确保结果的可靠性。常见的误差来自探测器和柱内返混现象。

从实验数据中确定参数的最简单的理论方法可能包括使用简单柱模型和弯矩分析的解析解，例如确定死区时间或亨利常数。在一些精度不高的情况下，如轴向扩散等参数可以通过文献中的相关经验值来估计。

为了确定等温线，可以使用数值积分和微分与总质量平衡相结合的方法。更先进的方法包括测量峰的曲线拟合，特别是将解析方程与实测值拟合，可提高分析的精度。最复杂和最通用的方法是使用参数估计工具进行曲线拟合，这是获得几乎所有模型参数一致和准确数据的首选方法。参数估计程序包括一些商业化的模拟程序（Fortran、Matlab）或可以连接自己的模拟调控软件。这些工具通过改变模型参数来最小化测量数据和模拟结果之间的差异，最终达到结果的一致性。

表 1-3 总结了不同的参数确定方法，并说明了测量精度和速度之间的矛盾影响（说明：使用制备柱或者半制备柱来进行实验；注意检查结果与初始测试的一致性；使用一种方案进行所有的测量，并尽量保持色谱柱额外影响较低；校准检测器时要小心；检测体积流量的影响，以确定动力学效应的大小；以混合物作为洗脱液时，检查洗脱液成分的敏感性）。

表 1-3 参数确定方法

参数测定	精度较高、实验量较大	精度和实验量适中	低精度、低实验量
系统参数/额外的柱参数	实验＋矩分析＋参数估计：V_{pipe}、V_{tank}（t_{plant}），必要时 $D_{ax,pipe}$	实验＋矩分析：t_{plant}	实验＋矩分析：t_{plant}

续表

参数测定	精度较高、实验量较大	精度和实验量适中	低精度、低实验量
填料：空隙率和孔隙率	实验+矩分析+参数估计：ε、ε_t	实验+矩分析：ε_t，设置ε值	ε_t从制造商处获得，设置ε值
填料：D_{ax}	实验+参数估计	实验+矩分析	由相关性得到
吸附等温线	使用前沿分析法、微扰法测得	使用脉冲实验法+拟合测得	使用脉冲实验法测得
传质：k_{eff}	实验(过载注入)+参数估计	实验+矩分析	由相关性得到

1.4.5 SMB分离性能参数

为了评价和衡量SMB过程的分离性能，对几个重要的参数进行了介绍。

(1) 纯度

由于B是残留较少（吸附能力较弱）的组分，产品B的纯度（Pur_B）和产品A的纯度（Pur_A）定义如下：

$$Pur_B=\frac{\int_{t_0}^{t_s} c_{B,R}Q_R\,dt}{\int_{t_0}^{t_s}(c_{B,R}+c_{A,R})Q_R\,dt} \tag{1-32}$$

$$Pur_A=\frac{\int_{t_0}^{t_s} c_{A,E}Q_E\,dt}{\int_{t_0}^{t_s}(c_{A,E}+c_{B,E})Q_E\,dt} \tag{1-33}$$

式中，$c_{i,R}$和$c_{i,E}$分别为萃余液和萃取液中溶质的浓度，$i=$A、B；Q_E、Q_R分别为萃取液和萃余液流量。

(2) 收率

B组分的收率（Rec_B）被定义为从萃余液口产生的B的量与进入系统的B的量的比值。与B相似，Rec_A以同样的方法定义。

$$Rec_B = \frac{\int_{t_0}^{t_s} c_{B,R} Q_R \mathrm{d}t}{c_{B,F} Q_F t_s} \tag{1-34}$$

式中，$c_{B,R}$和$c_{B,F}$分别为萃余液和进料液中B组分的浓度；Q_R和Q_F分别为萃余液和进料液流量。

$$Rec_A = \frac{\int_{t_0}^{t_s} c_{A,E} Q_E \mathrm{d}t}{c_{A,F} Q_F t_s} \tag{1-35}$$

式中，$c_{A,E}$和$c_{A,F}$分别为萃取液和进料液中A组分的浓度；Q_E和Q_F分别为萃取液和进料液流量。

(3) 洗脱液消耗

洗脱液的消耗是工业应用中最值得关注的问题之一，随着最终产品质量的提高，溶剂用量应控制在一个适用的经济价值范围内。该参数可以写成：

$$D_D = Q_D t_s \tag{1-36}$$

式中，D_D为洗脱液消耗量；Q_D为洗脱液流量；t_s为切换时间。

(4) 处理量

参数Pro是由进料量与固定相质量的比值来表达的。

$$Pro = \frac{Q_F c_{T,F}}{(1-\varepsilon)\rho_s V_T} \tag{1-37}$$

式中，$c_{T,F}$为原料混合物的总浓度；Q_F为进料流量；ρ_s为固定相的密度；V_T 为色谱柱体积；ε 为空隙率。

1.4.6 优化方法

三角形理论、序列二次规划算法、驻波设计、体积分离分析和数值优化是SMB分离中使用最广泛的几种设计策略。对这些方法的描述和总结如下。

1.4.6.1 三角形理论

Storti 和 Mazzotti 等提出的三角形理论已被证明是SMB过程设计的有力工具[44-45]。为了设计SMB单元，引入了净流量比 m_i。在该理论中，在有或无传质阻力的情况下，线性或非线性等温线的（$m_{\text{Ⅱ}}$，$m_{\text{Ⅲ}}$）平面被定义为三角形的完全分离区域。因此，制定了一个规则来确定 m_i 的值，从而得到最优的操作条件。m_i 的定义如下：

$$m_i=\frac{Q_i t_s - V\varepsilon}{V(1-\varepsilon)} \tag{1-38}$$

式中，Q_i 为SMB单元 i 段中液相的流量；V 为柱体积；ε 为床层空隙率；t_s 为切换时间。

如果二元目标体系属于线性等温吸附，含有组分A和B，且A是保留量较大的组分（吸附能力强的重组分）。依据SMB分离机理，完全分离要求切换时间 t_s 大于B组分的保留时间且小于组分A的保留时间。通过这种设计，保证了在萃余口可以得到纯的、不被污染的组分B，在萃取口将组分A完全冲出。此外，如果能够从固定相中完全回收B，可以避免萃取口的污染。Ⅰ区和Ⅳ区用于固定相和流动相的再生。以上这些约束可以如式（1-39）所示。

$$
\begin{aligned}
& t_{A,1}^{R} \leqslant t_{s} \\
& t_{B,2}^{R} \leqslant t_{s} \leqslant t_{A,2}^{R} \\
& t_{B,3}^{R} \leqslant t_{s} \leqslant t_{A,3}^{R} \\
& t_{s} \leqslant t_{B,4}^{R}
\end{aligned} \tag{1-39}
$$

根据 m_i 的定义，将这些约束转换为：

$$
\begin{aligned}
& H_{A} < m_{\mathrm{I}} < \infty \\
& H_{B} < m_{\mathrm{II}} < H_{A} \\
& H_{B} < m_{\mathrm{III}} < H_{A} \\
& m_{\mathrm{IV}} < H_{B}
\end{aligned} \tag{1-40}
$$

还有一个附加的约束条件，$m_{\mathrm{II}} < m_{\mathrm{III}}$，用于保证正向进料的流量。由（$m_{\mathrm{II}}$，$m_{\mathrm{III}}$）平面和（$m_{\mathrm{I}}$，$m_{\mathrm{IV}}$）平面两个平面定义的完全分离区域如图 1-20 所示。

图 1-20 描述了 A、B 两种物质分离时（m_{II}，m_{III}）平面和（m_{I}，m_{IV}）平面上的完全分离区域和 SMB 运行状态。

如果目标体系属于非线性等温吸附，需要将三角形理论应用于非线性系统，本节以 Langmuir 模型为例。

$$
q_i = \frac{H_i c_i}{1+\sum b_i c_i} \quad (i=\mathrm{A,B}) \tag{1-41}
$$

Mazzotti 等定义了以下分离约束条件。

$$
\begin{aligned}
& H_{A} = m_{\mathrm{I},\min} < m_{\mathrm{I}} < \infty \\
& m_{\mathrm{II},\min}(m_{\mathrm{II}}, m_{\mathrm{III}}) < m_{\mathrm{II}} < m_{\mathrm{III}} < m_{\mathrm{III},\max}(m_{\mathrm{II}}, m_{\mathrm{III}}) \\
& \frac{-\varepsilon_p}{1-\varepsilon_p} < m_{\mathrm{IV}} < m_{\mathrm{IV},\max}(m_{\mathrm{II}}, m_{\mathrm{III}}) \\
& = \frac{1}{2}\{H_{B} + m_{\mathrm{III}} + b_{B} c_{B,f}(m_{\mathrm{III}} - m_{\mathrm{II}})\} - \\
& \sqrt{[H_{B} + m_{\mathrm{III}} + b_{B} c_{B,f}(m_{\mathrm{III}} - m_{\mathrm{II}})^{2} - 4 H_{B} m_{\mathrm{III}}}
\end{aligned} \tag{1-42}
$$

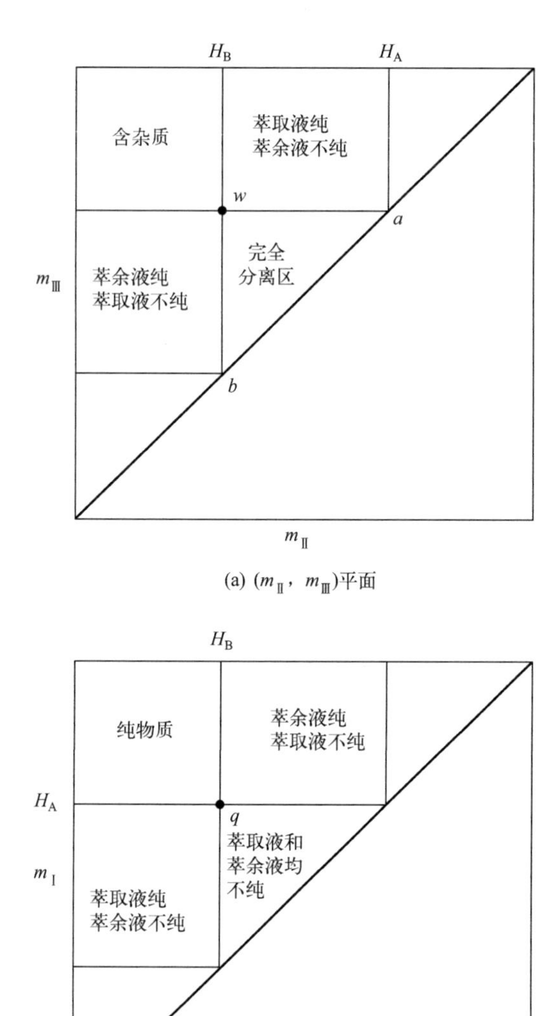

图 1-20 线性吸附下的三角形理论图解

与 m_{II} 和 m_{III} 的边界相比，m_{I} 的下界和 m_{IV} 的上界有一些变化。但是（m_{II}，m_{III}）平面上的完全分离区域（纯物质）仍然是一个三角形区域，如图 1-21 所示。

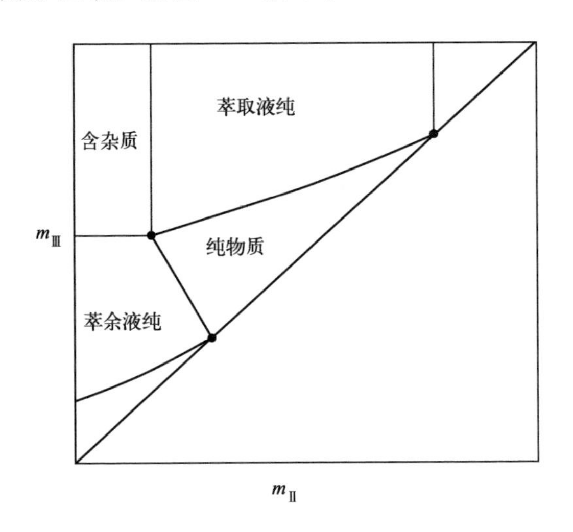

图 1-21　Langmuir 吸附行为下的三角形理论

图 1-21 描述了 Langmuir 吸附行为下的二元分离体系（m_{II}，m_{III}）平面上的完全分离区域和 SMB 运行机制。此外，三角形区域的形状还受进料浓度的影响。如图 1-22 所示，该区域的总面积随着进料浓度的增加而减小。

1.4.6.2　序列二次规划算法

序列二次规划算法（sequential quadratic programming，SQP）是 Han 和 Powell 两位研究人员在 Wilson 提出的 Newton-Lagrang 的工作基础上发展而来的[46]。SQP 算法可以看作是约束优化条件下牛顿法和拟牛顿法的自然延伸，基本流程如图 1-23 所示。通过在算法进程中将非线性规划问题转化为二次规划子问题来求解近似优化问题，以此来对当前迭代点进行修正，并基于最优解所指方向进行一维搜索直至无法寻找到下降方向，进而得

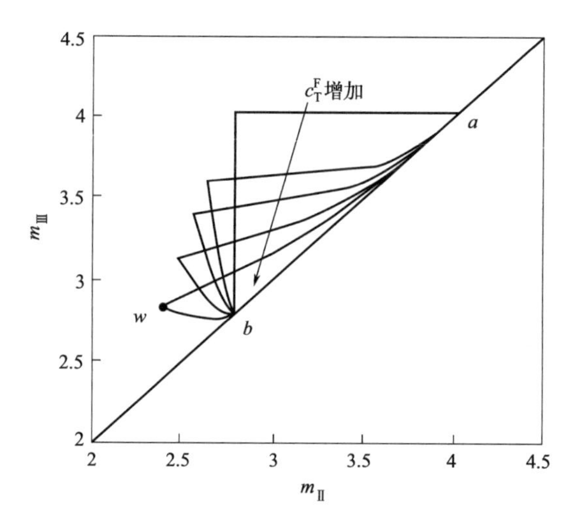

图 1-22　三角形理论与进料浓度之间的关系

到原问题的最优解，能够有效处理求解过程中的非线性约束优化问题。

Shen 和 Shahmoradi 等研究了 SQP 算法在芳烃体系中的应用[47-48]。例如，Shen 等在使用 SMB 工艺分离 C8 芳烃混合物中的对二甲苯时，采用了 SQP 算法的动态优化框架来搜索最优运行条件。Lim 等基于模型提出一种多级优化策略，使用 SQP 算法同时对 TMB 模型和 SMB 模型进行了两次逐级优化，弥补 TMB 模型缺点的同时，替代了非线性 SMB 过程实验，结果表明多级优化策略在所需纯度要求下具有高生产率和低解吸剂消耗特性。

SQP 算法本身基于三角形理论，以完全分离区的三角形顶点 A 作为初始点，对纯度的变化情况进行操控，结果证明，该算法无论是在运行速度、组分纯度，还是优化效果等方面都优于三角形理论，在解决 SMB 色谱分离过程中的关联优化问题方面更为灵活高效。但 SQP 算法的局限性在于无法完成多目标同时优化，只能在优化进程中通过采用两级优化的方案，逐级优化不

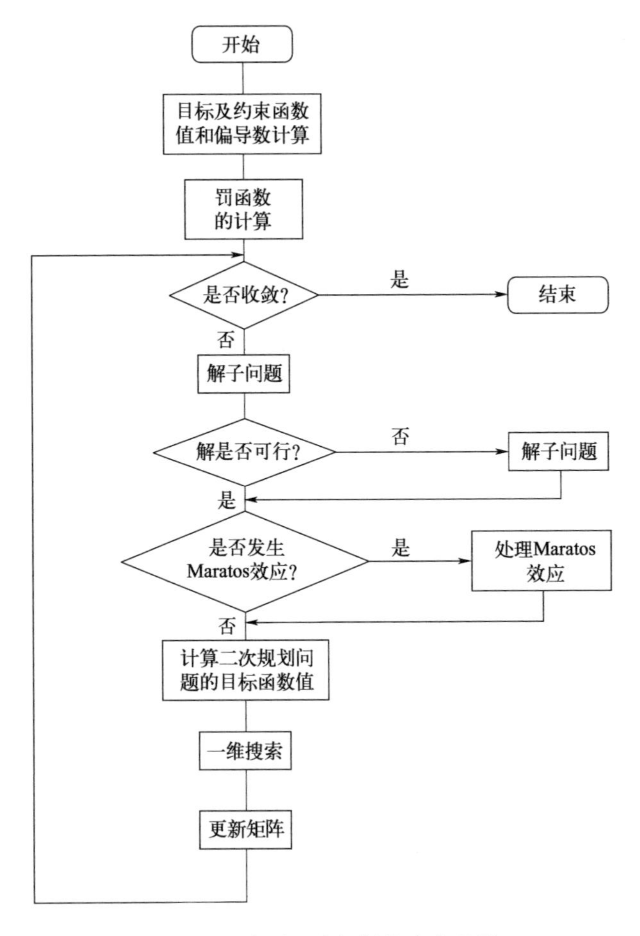

图 1-23　序列二次规划算法流程图

同的目标函数。

1.4.6.3　驻波设计

色谱的驻波设计理论首先由 Ma 等和 Mallmann 等报道，分别用于线性和非线性系统。该方法包含一系列的代数方程，将分离性能与轴向扩散系数、SMB 各区长度、床层移动速度以及四个区域的流量有效地结合起来。该设计方法方便、简单、易于实现，可以有效地寻找新的 SMB 应用的最优操作条件。

对于二元系统，驻波的概念是研究每个区中两个组分的浓度波。适当测定 SMB 中的四种流速和固定相移动速度后，可将轻组分 B 的前端置于第Ⅳ区，其解吸前端置于第Ⅱ区。而保留较多的 A 组分的吸附前端置于第Ⅲ区，解吸前端置于第Ⅰ区，从而实现了 A 组分与 B 组分的分离，如图 1-24 所示。

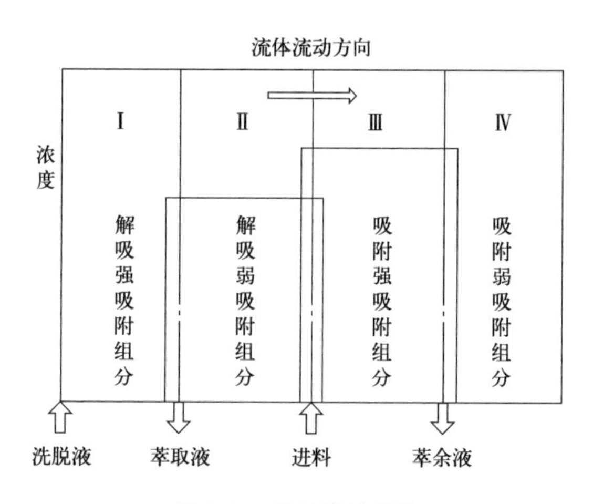

图 1-24　驻波设计理论

为了获得高纯度和高回收率，根据驻波的概念，四个截面的流速（v）必须满足以下公式：

$$
\begin{aligned}
(1+P\delta_2)v-u_0^{\mathrm{I}} &= -\beta_2^{\mathrm{I}}\left(\frac{E_{\mathrm{b2}}^{\mathrm{I}}}{L^{\mathrm{I}}}+\frac{Pv^2\delta_2^2}{K_{\mathrm{f2}}^{\mathrm{I}}L^{\mathrm{I}}}\right)\\
(1+P\delta_1)v-u_0^{\mathrm{II}} &= -\beta_2^{\mathrm{II}}\left(\frac{E_{\mathrm{b1}}^{\mathrm{II}}}{L^{\mathrm{II}}}+\frac{Pv^2\delta_1^2}{K_{\mathrm{f1}}^{\mathrm{II}}L^{\mathrm{II}}}\right)\\
(1+P\delta_2)v-u_0^{\mathrm{III}} &= \beta_2^{\mathrm{III}}\left(\frac{E_{\mathrm{b2}}^{\mathrm{III}}}{L^{\mathrm{III}}}+\frac{Pv^2\delta_2^2}{K_{\mathrm{f2}}^{\mathrm{III}}L^{\mathrm{III}}}\right)\\
(1+P\delta_1)v-u_0^{\mathrm{IV}} &= \beta_1^{\mathrm{IV}}\left(\frac{E_{\mathrm{b1}}^{\mathrm{IV}}}{L^{\mathrm{IV}}}+\frac{Pv^2\delta_1^2}{K_{\mathrm{f1}}^{\mathrm{IV}}L^{\mathrm{IV}}}\right)
\end{aligned}
\tag{1-43}
$$

$$\frac{F^{F}}{\varepsilon_b S}=u_0^{\mathrm{III}}-u_0^{\mathrm{II}}$$

$$\frac{F^{D}}{\varepsilon_b S}=u_0^{\mathrm{I}}-u_0^{\mathrm{IV}}$$

式中，u_0 为间隙速度；L 为带长；S 为柱横截面积；E_b 为轴向扩散系数；K_f 为集总传质系数；$\delta_i=\varepsilon_p+(1-\varepsilon_p)a_i$（$a_i$ 为溶质 i 吸附相与液相的分配常数，ε_p 为颗粒内空隙率）；$P=(1-\varepsilon_b)/\varepsilon_b$ 为床相比；ε_b 为颗粒间空隙率；β 与特定区域驻波的最高浓度与最低浓度之比有关，常被用作产品纯度和收率的指标；F 为进料量。

除上述研究工作外，Wu 和 Xie 等利用 SMB 成功地将该设计策略应用于氨基酸分离[49-51]。在 Xie 等的工作中，将分析扩展到具有非线性等温线和传质效应的 SMB 系统。Xie 等也研究了胰岛素纯化的串联 SMB 工艺，并利用驻波分析获得最佳操作参数。

1.4.6.4 体积分离分析

三角形理论主要提供了一种忽略传质阻力和轴向扩散的二进制逆向 SMB 分离设计策略。然而，如果传质阻力不可忽视，约束就不像三角形理论中描述的那样简单，整个分离区域将变窄，约束条件应根据传质系数进行修正。为了定义这个新的分离区域，提出了体积分离分析的方法。

为了设计 SMB 流程，必须满足以下一些约束条件。

$$\begin{gathered}\frac{Q_1 c_{B1}}{Q_s q_{B1}}>1;\quad \frac{Q_2 c_{A2}}{Q_s q_{A2}}>1 \quad 和 \quad \frac{Q_2 c_{B2}}{Q_s q_{B2}}<1;\\ \frac{Q_3 c_{A3}}{Q_s q_{A3}}>1 \quad 和 \quad \frac{Q_3 c_{B3}}{Q_s q_{B3}}<1;\quad \frac{Q_4 c_{A4}}{Q_s q_{A4}}<1\end{gathered} \tag{1-44}$$

式中，Q_1、Q_2、Q_3 和 Q_4 为各截面液体体积流量；Q_s 为固体体积流量；c_{Aj} 和 c_{Bj} 是液相中组分 A 和组分 B 的浓度；q_{Aj} 和 q_{Bj} 是 j 段固定相中组分 A 和组分 B 的吸附量。将参数 $\gamma_j=(1-\varepsilon)m_j/\varepsilon$ 作为 j 段流体与固体间质速度的比值，则约束条件为：

$$\gamma_1>\frac{1-\varepsilon}{\varepsilon}\times\frac{q_{B1}}{c_{B1}};\quad \frac{1-\varepsilon}{\varepsilon}\times\frac{q_{A2}}{c_{A2}}<\gamma_2<\frac{1-\varepsilon}{\varepsilon}\times\frac{q_{B2}}{c_{B2}};$$
$$\frac{1-\varepsilon}{\varepsilon}\times\frac{q_{A3}}{c_{A3}}<\gamma_3<\frac{1-\varepsilon}{\varepsilon}\times\frac{q_{B3}}{c_{B3}};\quad \gamma_4<\frac{1-\varepsilon}{\varepsilon}\times\frac{q_{A4}}{c_{A4}} \tag{1-45}$$

在存在传质阻力的情况下，需要增大 γ_1 的值，且 γ_1 随传质系数的减小而增大。完全分离区随 γ_j 值的不同而不同。

Azevedo 和 Rodrigues 在 2001 年将这种设计方法应用于果糖-葡萄糖 SMB 分离[52]。由于系统存在很强的传质阻力，他们在建模、仿真、设计和操作过程中都采用了这种体积分离分析方法。随后，Minceva 和 Rodrigues 确定了分离对二甲苯的最佳操作条件，并提出了基于分离体积概念的两级优化流程[53]。Rodrigues 和 Pais 也成功地将该策略应用到手性分离设计中[54]。

1.4.6.5 数值优化

数值优化对于获得 SMB 过程的最佳操作条件具有重要意义，特别是对于一些具有传质阻力的非线性系统。文献中已经报道了很多关于 SMB 过程数值优化的研究，可以分为两大类。一种是以分离成本、产品纯度或产品收率为目标的单目标优化，对与系统流量相关的决策变量进行优化，以产品纯度和最大流量的一定要求为约束条件；另一种是多目标优化，即可以同时优化两个或三个目标。应用多目标优化的优势是，在 SMB 多个分离目标相冲突的情况下，可以寻找到一个最佳平衡点。如分离过程的处理量和溶剂消耗是一组竞争性的目标条件，即增大处理量的时候势必增加溶剂消耗，而如果想要降低溶剂消耗则必须以牺牲处理量为代价，因此，最大限度地提高产品的处理量，同时最大限度地减少溶剂消耗成为多目标优化中的一组目标函数，这样可以保证整个分离过程的分离效果和各项指标。

在多目标优化中，不会存在一个针对所有目标的最佳解，相反，可能存在一整套同样优秀的最优解集，这些解集被称为帕累托最优（非劣）解（Pareto 解）。帕累托集合的定义是，当从一点移动到另一点时，至少有一个目标函数改善，至少有一个目标函数恶化。因此，不能说这些点中的任何一个优于（或支配）其他任何点，所以，帕累托集合中的任何一个非劣解都是可接受的解。最终确定一个解决方案需要额外的知识和信息，而这些信息通常是直观的和不可量化的。帕累托集合缩小了选择范围，并有助于指导决策者从帕累托最优点的有限集合中选择一个期望的操作点，而不是从大量的可能性中盲目地选择。

新加坡国立大学的一个课题组对 SMB 过程进行了多目标优化研究。他们应用了一种新颖的优化手段——遗传算法（genetic algorithm）来寻找多目标优化问题的帕累托解。遗传算法模拟了自然选择和自然遗传的过程，利用达尔文的适者生存原则来产生解集并进行优化。之后，非支配排序遗传算法-Ⅱ（non-dominated sorting genetic algorithm，NSGA-Ⅱ）引入了精英策略（图 1-25），筛选过程中扩大了采样空间，初始阶段产生父代种群，随后与其子代种群随机交叉混合产生新的下一代种群，父代种群与混合产生的下一代种群共同竞争使更加优良的个体保留，提高了种群的进化程度。将这种最优解筛选的方法与过程模拟相结合，应用于 SMB 分离过程的多目标优化中，最终得到相应的最佳操作条件解集，即曲线上的任何一点均为最优解，均有实际应用价值。

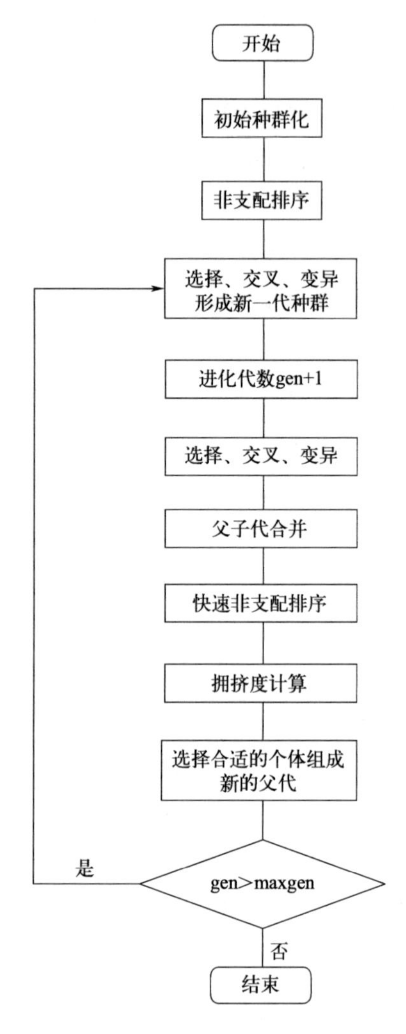

图 1-25　非支配排序遗传算法-Ⅱ流程图

第2章 SSMB在低聚木糖分离领域的应用

2.1 低聚木糖分离情况概述

低聚木糖（xylo-oligosaccharide，XOS）是一种由不同数量的木糖分子通过 β-1,4 糖苷键连接而成的寡聚物。在本书中，XOS 指的是聚合度为 2～7 的 XOS 混合物，XOSN 表示聚合度为 N 的 XOS。XOS 不易消化、不致龋、热量低，且具有良好的益生元作用。与果寡糖（fructooligosaccharide，FOS）、半乳糖寡糖（galactooligosaccharide，GOS）等其他寡糖相比，XOS 具有优异的耐酸性和热稳定性，因此可以在功能性食品的生产中得到更广泛的应用。在工业上 XOS 是通过水解富木聚糖半纤维素生产的。由于酶催化水解反应的转化率和选择性的限制，商用 XOS 糖浆的纯度一般在 70%左右，糖浆中的主要杂质为未反应的木糖（22%）和反应副产物阿拉伯糖（8%）。在食品工业中需要对 XOS 糖浆进行进一步的提纯，才能满足食品添加的标准。目前相应的分离技术有很多，文献中报道了膜分离法、酶分离法、活性炭分离法、沸石分离法和离子交换法纯化寡糖。在以上这些方法中，需要寻找安全清洁且高效节能的分离技术，离子交换树脂具有无毒、成本低以及机械、化学和生物稳定性好等优点，是一种很有应用前景的分离介质。

基于离子交换树脂的分离可以通过吸附或色谱过程来实现。模拟移动床（SMB）是一种循环色谱分离装置，具有生产效率高和溶剂消耗少的特点，已广泛应用于石油化工、药物、食品和生物制品的纯化和分离。在低聚果糖、低聚半乳糖领域均有相关的报道和应用。根据文献调研，目前唯一的SMB纯化XOS的研究是孟等通过反复多次实验将XOS从纯度69%富集到91%。然而，在他们的工作中却没有用到过程模拟和优化，导致实验次数和操作成本大大增加[55]。

SMB流程的全面设计主要包括三个步骤：a. 固定相材料和流动相组成的筛选；b. 色谱柱空隙率的测量和平衡参数及动力学参数的测定；c. 运行参数和操作条件的优化。由于SMB过程本身的复杂性和多变性，最后一步必然需要进行数值模拟和相应的优化。

典型的SMB流程是为二元体系的分离设计的。虽然寡糖是由几种成分组成的混合物，但以往的研究大多将寡糖视为单一成分，并使用平均平衡参数和动力学参数进行模拟、优化。然而，寡糖各组分性质间的差异，特别是吸附平衡的差异，可能会对不同的区域产生不同的影响。例如，如果杂质的吸附能力较强，使用平均参数会导致模拟结果的偏差，部分杂质会混入寡糖中，如此流量在Ⅱ区必须足够大以清洗优先吸附组分到Ⅲ区，而流量在Ⅳ区又必须足够小，以保留吸附能力较弱的组分。因此，使用平均参数可能导致实际操作的偏差。

这一部分的相关介绍旨在优化设计用于XOS分离纯化的SSMB流程。为了选择合适的离子交换树脂，获得可靠的模型参数，进行了系统的实验和仿真。此外，还评估了7种XOS组分之间的差异对模拟结果的影响。

2.2 理论模型

2.2.1 吸附模型和柱模型

对于低聚木糖体系，SSMB色谱分离过程中各组分的质量平衡用传递扩散模型（transport dispersive，TD）描述如式(2-1)、式(2-2)：

$$\frac{\partial c_{i,j}}{\partial t}+\varphi\frac{\partial q_{i,j}}{\partial t}+u_j\frac{\partial c_{i,j}}{\partial z}-D_{\mathrm{L},j}\frac{\partial^2 c_{i,j}}{\partial z^2}=0 \tag{2-1}$$

$$\frac{\partial q_i}{\partial t}=k_{m,i}(q_i^*-q_i) \tag{2-2}$$

式中，c 和 q 分别是流动相和固定相中的组分浓度；i 是不同的组分；j 是色谱柱的序号；t 是时间；φ 是相率，定义为 $\varphi=(1-\varepsilon_t)/\varepsilon_t$，$\varepsilon_t$ 是色谱柱空隙率；$u[u=q/(\varepsilon_t/\pi r^2)]$ 是间隙流动相速度；z 是轴向坐标；D_L 是轴向扩散系数；k_m 为传质系数。与微分方程式(2-1)和式(2-2)相关的定解条件将在后面详细讨论。此外，还需要一个附加的等温模型来描述局部吸附平衡并计算 q^*，如式(2-3)：

$$q_i^*=f_i(c_1,c_2\cdots) \tag{2-3}$$

2.2.2 扩散色谱模型及其对应参数

传递扩散模型主要涉及三个参数，即 $\varphi(\varepsilon_t)$、D_L 和 k_m，只有准确地测定了这三个参数，才能进行完整的过程模拟。首先，在制备色谱上进行单柱脉冲实验，设置几组不同的流速，用惰性吸附示踪剂直接测定 ε_t，得到空隙率的值以后，可以进一步计算相率 φ。D_L 和 k_m 通常与浓度有关，其线性范围内的值可以通过一系列不同流量下的脉冲实验来测定。亨利常数（H）和等效理论板数（N）可由线性脉冲流出曲线的峰值计算得到。

$$H_i=\frac{q_i^*}{c_i}=\frac{1}{\varphi}\left(\frac{\tau_i u}{L}-1\right) \tag{2-4}$$

$$N_i=\frac{\tau_i^2}{\sigma_i^2} \tag{2-5}$$

式中，τ 和 σ^2 分别是一阶矩和二阶矩；L 为柱长。

$$\tau=\frac{\int_0^{\infty} tc(t)\mathrm{d}t}{\int_0^{\infty} c(t)\mathrm{d}t} \tag{2-6}$$

$$\sigma^2=\frac{\int_0^{\infty} t^2c(t)\mathrm{d}t}{\int_0^{\infty} c(t)\mathrm{d}t} \tag{2-7}$$

H 是一个热力学常数，与流量无关，而 N 与 u 有关，具体可表示如式(2-8)：

$$\frac{1}{N_i}=\frac{2D_{L,i}}{uL}+\frac{2u}{\varphi LH_ik_{m,i}}\left(\frac{\varphi H_i}{1+\varphi H_i}\right)^2=\frac{1}{N_{L,i}}+\frac{1}{k_{m,i}}u\lambda_i \tag{2-8}$$

式中，$\lambda_i=\frac{2}{\varphi LH_i}\left(\frac{\varphi H_i}{1+\varphi H_i}\right)^2$。可以说明，当流量在一定范

围内，轴向分子扩散的带宽效应可以忽略不计时，N_L 基本上与 u 无关。因此，式(2-8) 为线性范围内 D_L（或 N_L）和 k_m 的估算提供了方法和参考。

2.2.3 数值化方案

后续内容将会介绍到，常数 N_L 可用于该书中涉及的 XOS 体系所有组分。在这种情况下，可以用 Martin Synge 方法沿轴向将 TD 模型离散化[43]，用$\partial/\partial z$（数值分布）的一阶后退差分法代替式(2-1) 中的二阶导数项（$\partial/\partial z^2$）。式(2-1) 的离散化形式表达为：

$$\frac{\mathrm{d}c_{i,j}^{M}}{\mathrm{d}t}+\varphi\frac{\mathrm{d}q_{i,j}^{M}}{\mathrm{d}t}+u_j\frac{c_{i,j}^{M}-c_{i,j}^{M-1}}{\Delta z}=O(\Delta z^2) \tag{2-9}$$

$$\Delta z=\frac{L}{N_L} \tag{2-10}$$

式中，M 代表节点，进口处为 $M=0$，出口处为 $M=N_L$。由于从式(2-1) 中消除了二阶导数，只保留入口边界条件，由四区 SSMB 单元的节点平衡来描述如式(2-11)：

$$c_{i,j}^{0}=\begin{cases} c_{i,\mathrm{jpre}}^{N_L} & u_j\leqslant u_{\mathrm{jpre}} \\ \dfrac{u_{\mathrm{jpre}}c_{i,\mathrm{jpre}}^{N_L}+(u_j-u_{\mathrm{jpre}})c_{i,j}^{\mathrm{ext}}}{u_j} & u_j>u_{\mathrm{jpre}} \end{cases} \tag{2-11}$$

式中，上标 ext 代表通向入口端的外部流股，具体来说，分别用于表示柱Ⅰ和柱Ⅳ的洗脱液和进料液；下标 jpre 代表相邻的上游色谱柱。

$$\mathrm{jpre}=\begin{cases} 4 & j=\mathrm{I} \\ j-1 & j=\mathrm{II},\mathrm{III},\mathrm{IV} \end{cases} \tag{2-12}$$

SSMB 的性能是在循环达到稳定状态下进行评估的。严格来说，循环条件适用于离散方程。

$$c_{i,j}^{k}(t)=c_{i,j}^{k}(t+t_{s}) \tag{2-13}$$

$$q_{i,j}^{k}(t)=q_{i,j}^{k}(t+t_{s}) \tag{2-14}$$

式中，t_s 为切换时间；j 和 k 分别用于描述Ⅰ～Ⅳ和 $1\sim N_L$ 的范围，即色谱柱和塔板数。由于循环条件下的方程组数值求解困难，因此将模型转化为初值问题，然后使用 DIVPAG 软件包进行求解。考虑用式(2-15) 所示初始条件替换式(2-13) 和式(2-14)。

$$c_{i,j}^{k}(t=0)=q_{i,j}^{k}(t=0)=0 \tag{2-15}$$

研究发现，在 10 次循环左右，基本可以达到循环稳态。但为了保证循环稳定，使用了最少 15 个循环和以下对所有组分的质量平衡的约束条件。

$$\frac{\int_0^{t_s}(Q_E c_{i,E}+Q_R c_{i,R})\mathrm{d}t}{\int_0^{t_s}(Q_F c_{i,F}+Q_D c_{i,D})\mathrm{d}t}\times 100\% \leqslant 0.5\% \tag{2-16}$$

式中，下标 D、E、F、R 分别表示洗脱液、萃取液、进料液和萃余液。本章中介绍的所有计算都使用 FORTRAN 代码编程，并在一台配备 2.30GHz 英特尔 i7 核心处理器的联想 ThinkPad L440 个人电脑上执行。

2.2.4 顺序式模拟移动床运行模式

SMB 单元的连续运行是通过沿顺时针方向周期性地切换各进、出端口来实现的。按照惯例，所有端口是同步切换的，且端口的流量保持恒定。因此，一个典型的四区 SMB 过程一般有 5 个独立的操作变量，即切换时间 t_s 和 4 个进出口的流量 Q。在过去的 20 年里，Varicol、PowerFeed 和 ModiCon 等技术分别通过异步切换、改变进料方式和浓度来进一步提高分离性能。目前顺序式模拟移动床（SSMB）已被应用于果糖和葡萄糖的分离，其中溶剂消耗是一个主要问题，SSMB 通过将一次切换分为具有不同流型的三个步骤，提高了操作灵活性，SSMB 流程如图 2-1 所示。

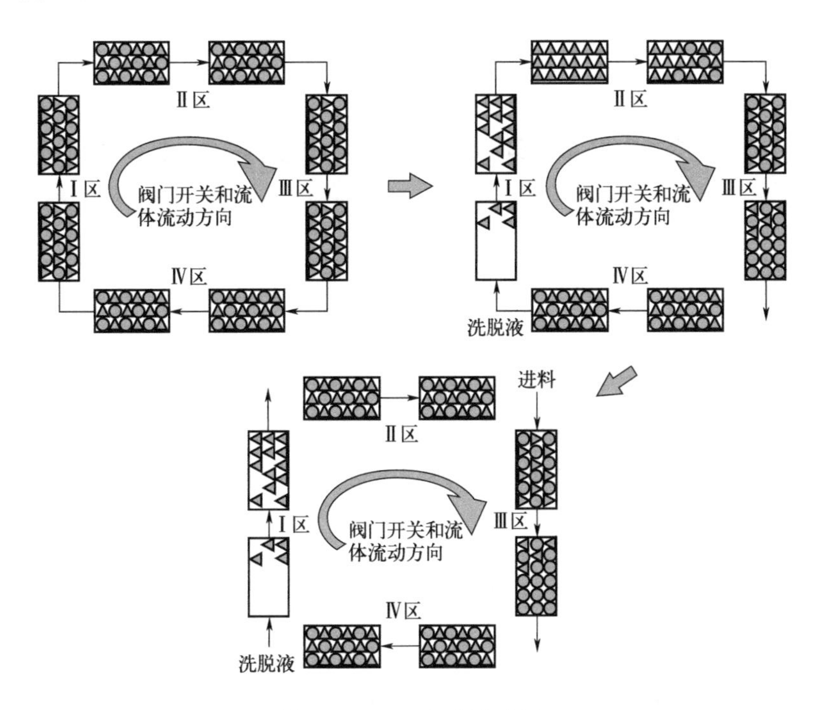

图 2-1 SSMB 流程示意图

▷—强吸附组分；○—弱吸附组分

2.3 分离低聚木糖的实际应用

2.3.1 低聚木糖体系分离方案

首先，从山东龙力生物科技股份有限公司购置木糖（一水合物）、阿拉伯糖（一水合物，ARS）和 XOS。XOS2、XOS3、XOS4、XOS5、XOS6 的标准品购自上海甄准生物科技有限公司，XOS7 标准品目前在市面上无法买到。然后根据工业生产的相关数据，在实验室制备 XOS 糖浆原料。该原料含有 30%（质量分数）的干物质，其中含有 70%的低聚木糖、22%的木糖和 8%的阿拉伯糖。超纯水（11.5MΩ · cm）经 Elix Advantage（US）过滤器过滤并脱气，用作流动相。用作惰性示踪剂的蓝葡聚糖溶液是由 Phamacia（瑞典）生产的。

采用 LC-3000 制备色谱系统（北京创新通恒科技有限公司），其中包括 CXTH LC-3000 泵、5mL 样品环注射器和 Shodex RI-102 折光（RI）检测器（Shodex，日本），进行主要模型参数的测定（单柱实验）。采用 Agilent 1100（Agilent Technologies，Palo Alto，USA）高效液相色谱（HPLC）系统，包括 RI 检测器和 Shodex 糖 KS 802 色谱柱（300mm × 8.0mm，

6μm）进行样品分析。江苏汉邦科技股份有限公司提供了一个由4台泵和自动控制系统组成的实验室规模SSMB分离系统。

制备玻璃色谱柱（1m×2.5cm I.D.）由上海海刚仪器科技有限公司提供。将DOWEX MONOSPHERE 99/310树脂（平均粒径310μm）电离后，采用湿法填料均匀地填充到制备柱中。色谱柱带有保温夹套，并配备有一个恒温水浴（HW-SY21-K，东莞市长丰仪器有限公司，中国）装置，用于分离过程温度的控制。采用上海海刚仪器科技有限公司提供的制备色谱柱（30cm×1cm I.D.），来测量XOS2、XOS3、XOS4、XOS5、XOS6的动力学参数并进行脉冲实验。在所有实验中，柱温控制在60℃±0.5℃。

为了得到不同离子形态的树脂以便进行固定相的筛选，需要完成离子形式的修饰。以Na^{+}型树脂为例，要得到Na^{+}型树脂，需先配制5% HCl溶液和5% NaOH溶液，然后用5% HCl以恒定流速5mL/min冲洗Ca^{2+}树脂填充的色谱柱。3h后，流动相换成水，将柱冲至中性状态。然后，用5%的NaOH连续冲洗柱3h。最后，采用水冲洗法使柱处于中性状态。将上述制备的Na^{+}型树脂与K^{+}型、Ca^{2+}型树脂进行比较，从分离度、吸附能力、空隙率、有效理论板数方面进行考量，从而筛选分离效果最优的固定相。

对蓝葡聚糖、XOS、木糖、阿拉伯糖以及含有XOS［70%（质量分数)］、木糖［22%（质量分数)］和ARS［7%（质量分数)］的原料XOS溶液进行脉冲实验，评价离子形态对吸附选择性和柱效率的影响。将进样浓度、进样量、进样流量分别控制在25g/L、5mL和5mL/min。

采用前沿分析法确定XOS（单组分)、木糖和阿拉伯糖的吸附等温线。通过体积稀释溶质样品制备浓度为30～270g/L的样品溶液。流量维持在5mL/min。在固定的时间间隔采集洗脱样品，采用高效液相色谱（HPLC）法分析样品中的XOS、木糖和阿拉伯糖，同时测定其浓度，从而计算固定相中的最大吸附量，以此来拟合吸附等温线参数。

脉冲实验也用于确定动力学参数。对于XOS、木糖和阿拉伯糖，使用制备柱（1m×2.5cm I.D.）来进行测定。进样浓度、进样量、进样流量分别控制在100g/L、5mL和4～12mL/min。在单个XOS2～XOS6的情况下，使用另一种较短的制备柱（30cm×1cm I.D.）。进样浓度为0.5g/L、进样量为1mL、进样流量为0.5～2.0mL/min。这些流量的设定和控制通过相应泵的操作程序来实现。每次实验前，整个系统用水清洗1h，同时用恒温水浴确定所需的柱温。

其中各实验结果的HPLC数据处理与分析实例如下，图2-2是一个典型样品的HPLC流出曲线，图2-3是XOS2～XOS6的校准曲线，图2-4是木糖和阿拉伯糖的校准曲线，表2-1为本节涉及的所有组分的详细校准数据。

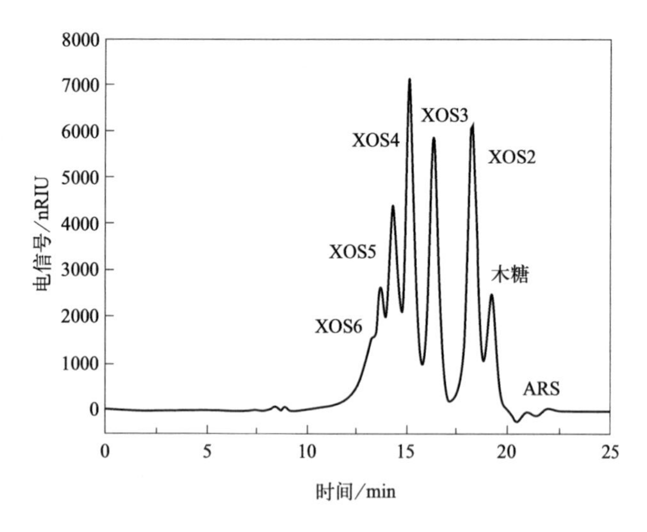

图2-2　典型样品的HPLC流出曲线

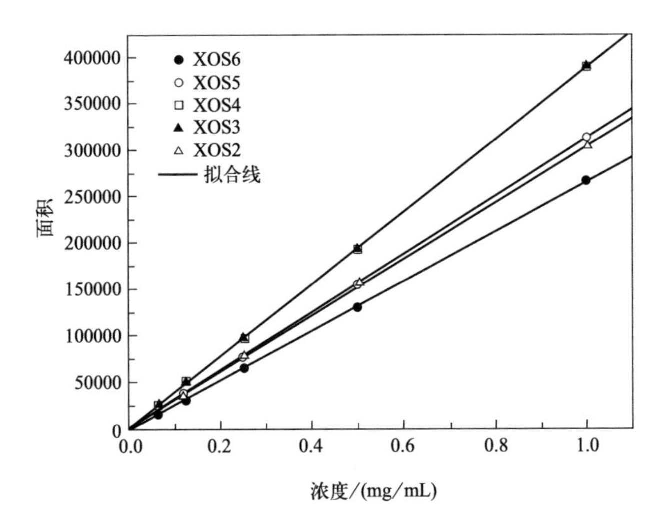

图 2-3　XOS2～XOS6 的校准曲线

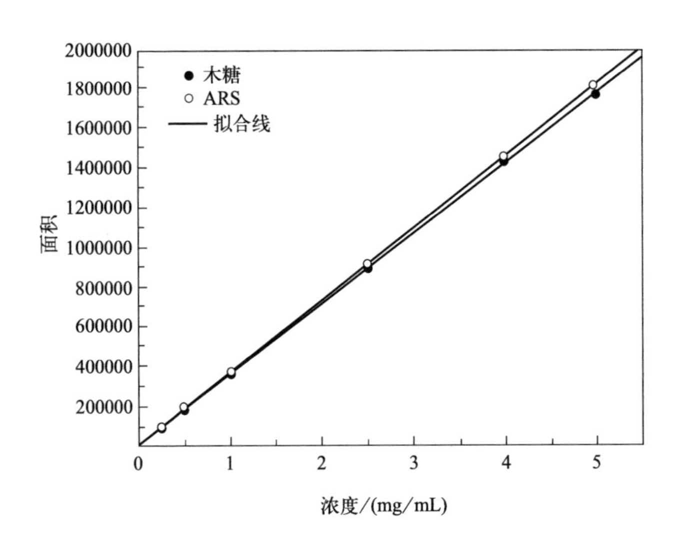

图 2-4　木糖和阿拉伯糖的校准曲线

表 2-1　本节涉及的所有组分的详细校准数据

拟合方程	$Y=a+bX$						
组分	XOS6	XOS5	XOS4	XOS3	XOS2	木糖	ARS
截距	−1187.443	−931.853	−1241.615	−1068.487	1836.363	2515.370	10921.031
斜率	265689.832	312422.081	390159.404	390940.437	302164.461	354314.371	359208.370
R^2	0.99992	0.99996	0.99996	0.99996	0.99996	0.99992	0.99992

2.3.2　分离方法

2.3.2.1　固定相离子形态的筛选

为了比较三种阳离子（Ca^{2+}、K^+和Na^+）离子化的树脂颗粒的分离效果，将它们在相同条件下填充在玻璃色谱柱中，然后从选择性（$\alpha=H_{木糖}/H_{XOS}$）和柱效方面进行评价和比较。对于离子形态的筛选，将XOS作为单一组分，忽略ARS的影响。根据方程式(2-6)和式(2-7)，选择性和柱效都可以通过脉冲实验来计算。从表2-2中可以看出，K^+型树脂表现出最大的选择性和第二高的柱效（略低于Ca^{2+}型）。根据三角理论，考虑到K^+型树脂更高的亨利常数可能导致更高的单位产量，最终选择K^+而不是Ca^{2+}进行进一步的研究。

表 2-2　不同离子形态树脂的特性比较

离子形态	H(XOS)	α(木糖/XOS)	N(XOS)
Ca^{2+}	0.384	2.01	67.2
K^+	0.416	2.11	60.2
Na^+	0.284	1.69	55.8

值得一提的是，K^+离子化的DOWEX MONOSPHERE 99/310树脂纯化XOS的性能优于DIAION-UBK530 Na^+型，根据

孟等的报道，其选择性为 1.71[55]。根据惰性组分蓝葡聚糖的流出曲线，K^+ 型离子色谱柱的空隙率约为 0.416。

2.3.2.2 前沿分析法测定吸附等温线

通过逐步提高进样浓度以及以恒定流速持续性进料，在 K^+ 离子柱（1m×2.5cm I.D.）上用前沿分析法测定突破曲线，并计算固定相的平衡吸附量。

$$q_{i,n}^{*}=q_{i,n-1}^{*}+\frac{Q\int_{0}^{\infty}(c_{i,n}-c_{i})\mathrm{d}t}{V_{\mathrm{c}}(1-\varepsilon)} \tag{2-17}$$

式中，$q_{i,n}^{*}$ 为吸附量；$q_{i,n-1}^{*}$ 为初始吸附量；Q 为流量；c 为浓度；V_{c} 为色谱柱体积；ε 为空隙率。

标准的穿透曲线如图 2-5(a) 所示。图中采用前沿分析法获得吸附等温线，总浓度为 60g/L，相当于水解反应后的市售 XOS 原料糖浆的浓度范围。如图 2-5(b) 所示，XOS、木糖和阿拉伯糖的实测等温线数据可以通过线性拟合得到，R^2 一般大于 0.995，证明了拟合结果的可靠性。木糖和阿拉伯糖比 XOS 更易被吸附。

2.3.2.3 脉冲实验法测定动力学参数

如上节所述，对于一定浓度范围内的木糖、阿拉伯糖和 XOS 溶液可以用线性吸附平衡来描述。在这种情况下，可以通过不同流量下的若干组脉冲实验来确定 TD 模型参数以及亨利常数。木糖、阿拉伯糖和 XOS 作为完整单一组分的脉冲实验典型流出曲线如图 2-6(a) 所示。H 和 N 依据方程式(2-4) 和式(2-5) 进行计算。对于每组流量，并不是直接使用公式(2-4) 计算 H，而是将 τ 与 L/u 作图，形成每个组分的拟合直线 [图 2-6(b)]，找到相应的线性关系。这条线的斜率为 $(1+\varphi H)$，用蓝葡聚糖示

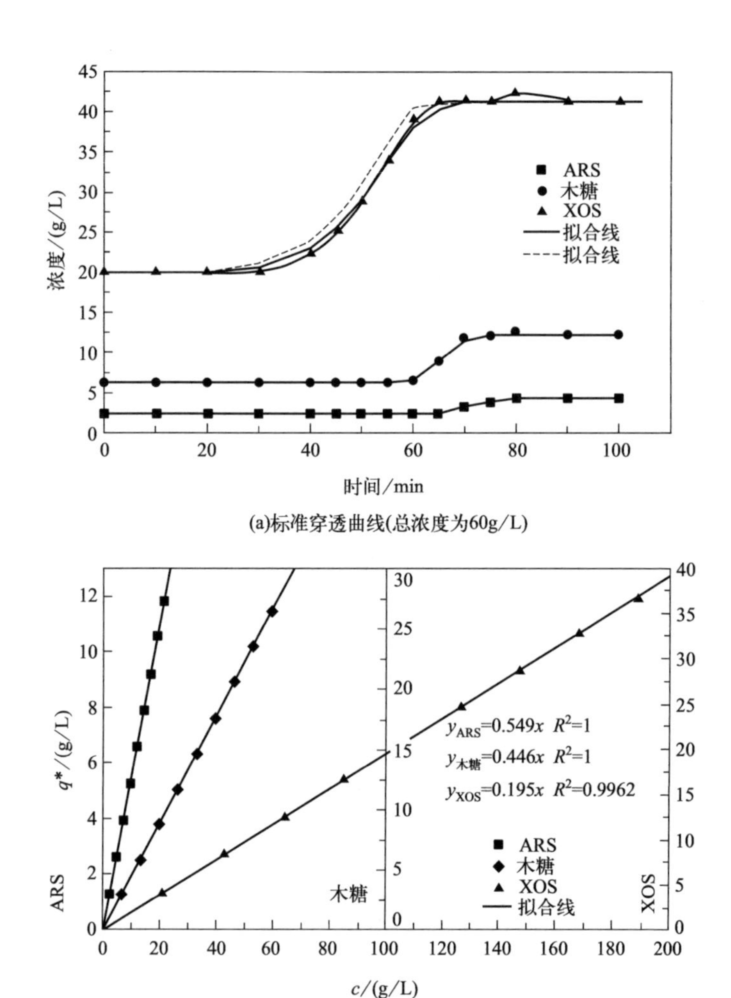

(a)标准穿透曲线(总浓度为60g/L)

(b)前沿分析法获得的实测等温线

图 2-5 前沿分析法实验结果

制备柱；浓度范围：30～270g/L；流量 5mL/min

踪剂测得 φ 为 1.404。因此，在几种不同流量下的实验结果可以拟合出一个恒定的亨利常数值。由图 2-6(c) 可以看出，每个分量的 $1/N$ 与 λu 的比值也可以拟合成一条直线。根据式(2-8)，可以用其斜率和截距分别计算出 k_m 和 N_L 值。为了将 Martin-

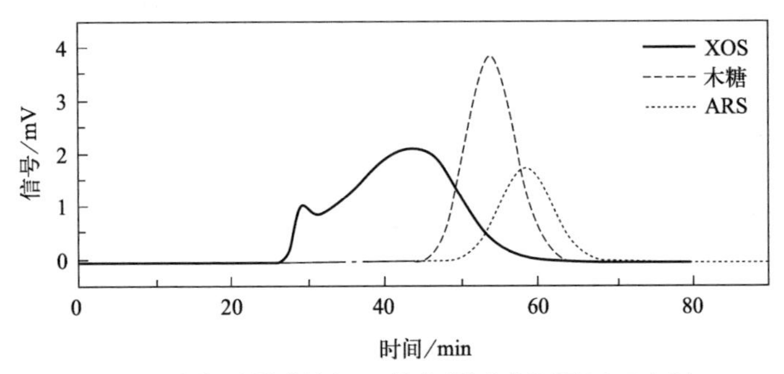

(a)木糖、阿拉伯糖和XOS的典型流出曲线(流速6mL/min)

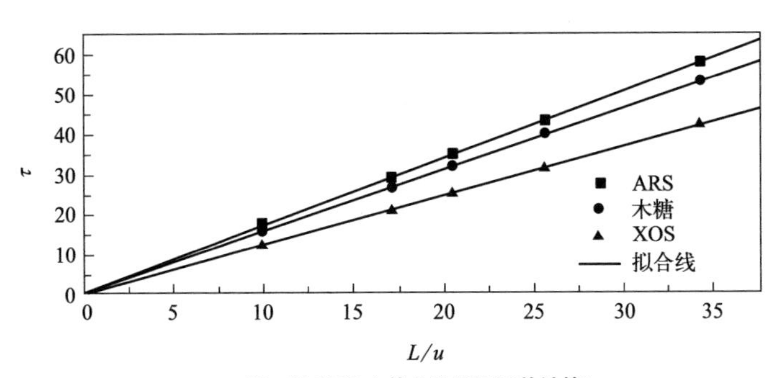

(b) τ相对于L/u的曲线(用于H的计算)

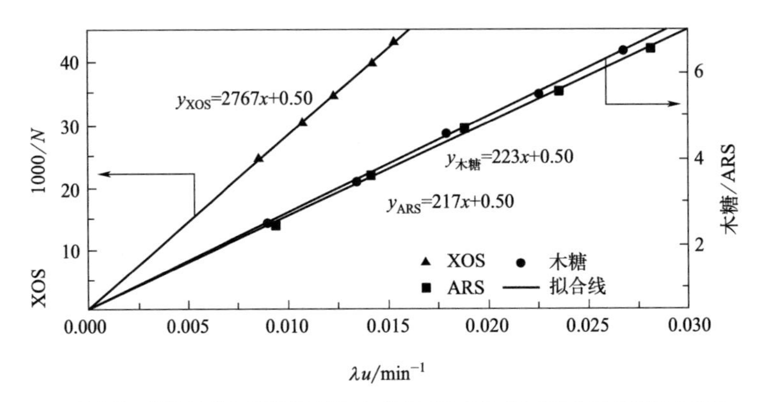

(c)木糖、阿拉伯糖和XOS的$1/N$与λu的关系及方程式(2-8)与常数N_L的拟合结果

图 2-6　线性脉冲实验结果

制备柱（1m×2.5cm I. D.）；浓度：100g/L；进样量 5mL；流量范围：4～12mL/min

Synge 方法应用于 TD 模型的数值解，对所有组分使用一个统一的常数 N_L 来拟合实验数据。如图 2-6(c) 所示，拟合结果良好。木糖、阿拉伯糖和 XOS 作为单一组分的脉冲实验结果如表 2-3 所列。

表 2-3　木糖、阿拉伯糖、XOS 作为单一组分的脉冲实验结果

参数	流量/(mL/min)	组分		
		木糖	ARS	XOS
τ/min	4	80.6	86.2	75.7
	6	53.1	57.6	45.4
	8	39.8	43.1	31.8
	10	32.4	34.4	25.0
	12	26.5	28.6	20.2
N	4	399	410	40.1
	6	287	275	33.3
	8	218	211	28.7
	10	183	178	25.3
	12	153	153	23.3
H	—	0.400	0.484	0.155
k_m/min^{-1}	—	4.48	4.60	0.361
N_L	—	2000		
质量分数/%	—	22	8	70

注：制备色谱柱；L=100cm；ID=2.5cm；φ=1.404。

如果将 XOS 视为一个单一组分，上述参数已经足够进行过程模拟和优化，这也是以往大多数寡糖 SMB 纯化建模研究中常用的简化方法。然而，目前研究的一个重要目标是评估不同组分之间的差异对分离性能的影响。为此，还需要确定 XOS 溶液中各个组分（XOS2～XOS6）的 TD 模型参数。

因此，采用高效液相色谱法对 XOS 样品进行了分析。如图 2-7 所示，通过 Shodex 糖 KS 802 色谱柱和红外检测器共鉴定出

6 个与 XOS2～XOS6 相对应的峰。根据 XOS2～XOS6 标准样品的校正结果，计算得其在 XOS 混合样品中的组成（质量分数）分别为 35.8%、33.1%、18.1%、9.4%和 2.6%，其余约为 1.0%。

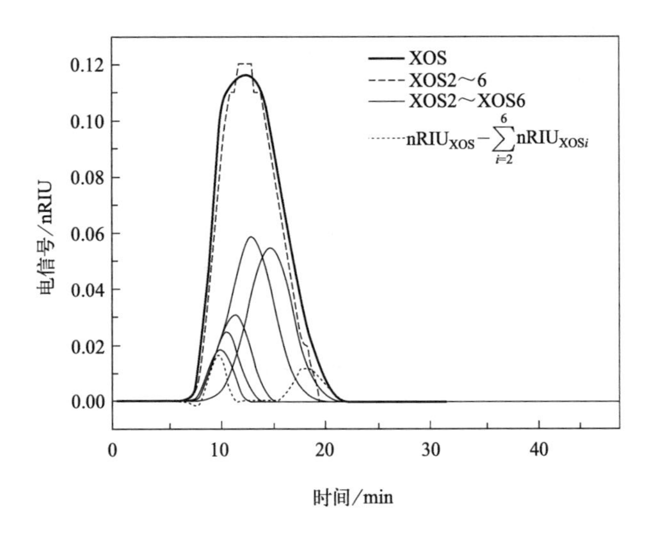

图 2-7　制备柱流出曲线对比（制备柱，30cm×1cm I. D.）

样本大小：1mL；流量：1mL/min；浓度：5g/L XOS，XOS2～XOS6 分别为 1.79g/L、1.655g/L、0.905g/L、0.47g/L、0.135g/L

按照同样的步骤，使用另一种短制备柱（30cm×1cm I. D.）对单个 XOS2～XOS6 组分进行了脉冲实验。利用得到的 H 值和 N 值，以及相应的曲线和计算结果，分析并计算各组分的 RI 响应信号，得到如图 2-7 所示的曲线（黑色细实线）。将这些单独组分曲线的叠加（黑色虚线）与混合物 XOS 溶液曲线（黑色粗实心线）进行比较，得到两个峰的差值（黑色圆点线）。可以看出，差值曲线有两个平衡峰，其中一个平衡峰具有与 XOS6 相似的保留时间和柱效。在其他流量中也观察到相同的趋势，为简洁起见，这里省略了这些流量的流出曲线图。这种差异可能是由于

XOS7 的存在而引起的，而标准样品没有 XOS7。根据保留时间，另一个峰被认定为样品中的一些杂质。

同时，利用线性脉冲实验测定了不同流量下 XOS2～XOS6 的亨利常数和动力学参数。方程式(2-8) 在 N_L 不变的情况下与实验数据的拟合结果如图 2-8 所示。得到的 XOS2～XOS6 脉冲实验结果如表 2-4 所列。观察到 XOS 作为单一组分和单个 XOS2～XOS6 的标定曲线均呈高度线性，线性相关系数 R 一般大于 0.99，因此可以合理地对 XOS7 的 RI 响应进行假设（线性关系)。因此，类似的方法也可以用于分析上述可能由 XOS7 影响而产生的平衡峰。不同流速下测得的峰值 H 和 k_m 分别为 0.0152 和 0.312min^{-1}。这些值与 XOS6 样品确定的值非常接近，说明 XOS6 和 XOS7 可以被视为同一个组分，在接下来的讨论中定义为 XOS67。

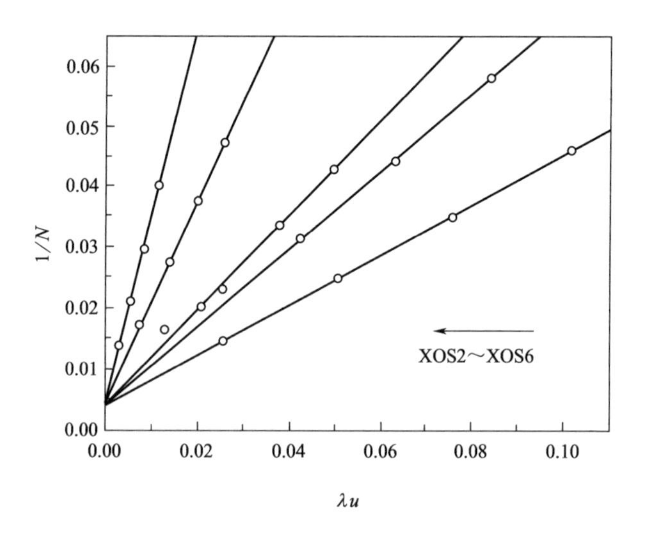

图 2-8　XOS2～XOS6 的 $1/N$ 与 λu 的关系及式(2-8) 在 N_L 不变时的拟合结果

表 2-4 XOS2～XOS6 脉冲实验结果

参数	流量 /(mL/min)	组分				
		XOS2	XOS3	XOS4	XOS5	XOS6①
τ/min	0.5	29.0	24.8	21.2	19.8	18.8
	1	14.5	12.4	10.6	9.81	9.40
	1.5	9.58	8.25	7.04	6.53	6.26
	2	7.23	6.19	5.26	4.88	4.70
N	0.5	68.1	50.7	61.6	59.3	73.4
	1	41.3	31.8	43.7	36.1	47.8
	1.5	28.6	22.6	30.2	26.6	34.1
	2	21.6	17.4	23.3	21.1	25.1
H	—	0.335	0.204	0.0896	0.0416	0.0155
k_m/min^{-1}	—	2.40	1.54	1.27	0.591	0.318
N_L	—	278				
质量分数②/%	—	35.8	33.1	18.1	9.40	2.70

① XOS6 的测量结果。在色谱建模中，XOS6 和 XOS7 视为单一组分，因为 XOS7 无法购买。

② XOS 的质量分数，不包括木糖和阿拉伯糖杂质。

注：制备色谱柱；L=30cm；ID=1cm。

假设 XOS67 占总 XOS 的 3.6%，通过 XOS 混合物总面积与 XOS2～XOS5 总面积之和的平衡峰计算其线性校准系数（见图 2-7）。因此，RI 响应的穿透曲线可以通过式(2-18) 进行计算：

$$RI=\sum_{i=1,7} RI_i c_i \tag{2-18}$$

其中，c_i 作为时间的函数，可通过对 TD 模型积分来求解。计算得到的穿透曲线（实线）如图 2-5(a) 所示，与将 XOS 作为单一组分（虚线）并使用表 2-3 参数计算得到的结果相比，与实验实测数据（圆点）吻合较好。

2.3.2.4 顺序式模拟移动床分离过程

使用配置有 4 根制备色谱柱（1m×2.5cm I.D.）的 SSMB

装置进行分离实验。首先依据三角形理论，利用测得的基础性参数（体系中各组分的吸附等温线参数）来计算完全分离区域。在完全分离区域内选择 3～5 个操作点完成相应的 SSMB 实验。此处将详细介绍其中的一个操作点，其对应的操作条件为：Q_L = 20mL/min；Q_F = 10mL/min；t_1 = 12.85min；t_2 = 2min；t_3 = 3min。在此操作条件下得到的最终产品 XOS 的纯度和收率分别为 83.2％和 85.7％。

2.4 分离低聚木糖的过程模拟

本节主要介绍四柱 SSMB 系统的分离过程模拟和实验结果对比。如图 2-1 所示，一个 SSMB 操作过程理论上有 7 个独立的变量，即 3 个时间（三个子步骤所对应的时间）和 4 个流量。此外，一个切换时间内的各子步骤的顺序是可以调整的，相当于增加了另一个独立的变量。因此，SSMB 的系统优化比传统 SMB 更复杂，情况也更多变。本节所介绍的内容旨在获得可靠的模型参数，并研究 SSMB 用于 XOS 分离纯化的可行性。为方便研究，假设三个阶段的 Q_1（洗脱液入口处流量）都是恒定的，即 $Q_1=Q_L=Q_E$，将独立变量的数量减少到 5 个，与传统 SMB 过程保持一致。在这种情况下，仍旧可以将三角理论应用于操作参数的初步筛选。流量比 m 值可以定义为：

$$m_j=\frac{\int_0^{t_s} Q_j \, dt - V\varepsilon}{V(1-\varepsilon)} \tag{2-19}$$

与传统 SMB 不同的是，SSMB 在Ⅱ区、Ⅲ区和Ⅳ区流速是时间的函数。Ⅰ区恒定流量是任意固定的比例系数，通常受压降的限制。然后由 m 值依次确定其他四个参数：

$$t_1=\frac{m_{\mathrm{IV}}V(1-\varepsilon)+V\varepsilon}{Q_{\mathrm{L}}} \tag{2-20}$$

$$t_2=\frac{m_{\mathrm{II}}V(1-\varepsilon)+V\varepsilon}{Q_{\mathrm{L}}}-t_1 \tag{2-21}$$

$$t_3=\frac{m_{\mathrm{I}}V(1-\varepsilon)+V\varepsilon}{Q_{\mathrm{L}}}-t_1-t_2 \tag{2-22}$$

$$Q_{\mathrm{F}}=\frac{m_{\mathrm{III}}V(1-\varepsilon)+V\varepsilon-(t_1+t_2)Q_{\mathrm{L}}}{t_3} \tag{2-23}$$

根据式(2-8)，轴向扩散和传质对总板数的贡献是可加性的。它们的比值可以定义为：

$$r_i=\frac{k_{m,i}}{N_{L,i}u\lambda_i} \tag{2-24}$$

从图 2-9 可以看出，在不同的流量范围内，轴向扩散的贡献大约比传质的贡献小两个数量级。在计算时，将 N_L 值固定在相对较低的 300 个，这是单个 XOS 组分的脉冲实验得到的数据，是一个合理的简化，因为带宽效应主要是由传质控制的。

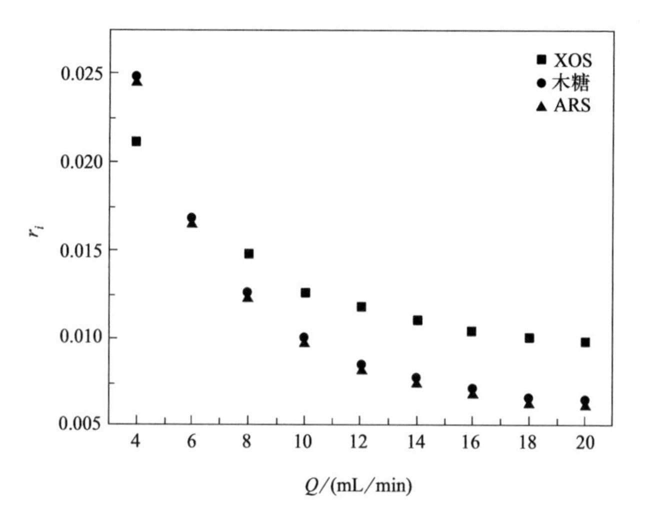

图 2-9　各组分的 r 值与流量 Q 的关系

Q_L 的值固定在 20mL/min，m_{I} 和 m_{IV} 分别设定为 0.66 和 0.15。其中，m_{I} 的 0.66 显著大于最优先吸附组分阿拉伯糖的亨利常数 0.484。而 m_{IV} 的 0.15 比最轻组分的亨利常数值小，这样可以保证各组分在体系内的合理分配。它们的影响，特别是对溶剂消耗的影响，将在后面的系统多目标优化研究中进行介绍。然后进行 SSMB 模拟，$m_{\mathrm{II}}-m_{\mathrm{III}}$ 平面中满足实际纯度和回收率要求的分离区定义为：

$$Pur=\frac{\int_{t_0}^{t_s}\sum c_{\mathrm{XOS},i,\mathrm{R}}Q_{\mathrm{F}}\mathrm{d}t}{\int_{t_0}^{t_s}(\sum c_{\mathrm{XOS},i,\mathrm{R}}+\sum c_{杂质,i,\mathrm{R}})Q_{\mathrm{F}}\mathrm{d}t}\geqslant 0.92 \quad (2\text{-}25)$$

$$Rec=\frac{\int_{t_0}^{t_s}\sum c_{\mathrm{XOS},i,\mathrm{R}}Q_{\mathrm{F}}\mathrm{d}t}{Q_{\mathrm{F}}t_3}\geqslant 0.90 \quad (2\text{-}26)$$

针对 2.3.2.4 中的操作点进行过程模拟，将分别采用三种计算方案：a. 系统为二元体系，由 XOS 和杂质组成，XOS 的参数见表 2-3，杂质参数为阿拉伯糖和木糖的代数平均值；b. XOS 作为单一组分处理，木糖和阿拉伯糖采用不同的参数进行单独处理，相关参数见表 2-3；c. XOS2～XOS67 之间的参数差异也考虑在内，XOS 不再是一个单一的整体。从图 2-10 中可以看出，三种方案确定的完全分离区域存在显著差异。对于这个特定的系统，所需的最终产品 XOS 是轻组分，并且根据三角理论，m_{III} 应该足够小，以防止吸附能力强的杂质进入萃余液口。在采用平均亨利常数的方案 a（图中由点线表示）确定的条件下，杂质中相对较轻的组分，即木糖，可能会突破萃余液口，从而导致产品纯度降低。因此，与方案 a 相比，方案 b（图中由虚线表示）可以准确体现木糖和阿拉伯糖之间的差异，预测出更小的 m_{III} 边界。类似地，对 XOS 使用平均亨利常数将会预测出较低的 m_{II} 值，这不足以将 XOS 中相对较重的组分（XOS2 和 XOS3）冲洗到进料端口（Ⅲ区）。这部分 XOS 在柱切换后由固定相携带到Ⅰ区，最后与杂质一起通过萃取口离开 SSMB 单元，导致产品收率降低。因此，与方案 a 和方案 b 相比，方案 c（图中由实线表示）可以解释 XOS 混合物中各组分之间的差异，预测了更高的 $m_{Ⅱ}$ 边界。方案 a 和方案 b 的比较表明，方案 b 确定的 $m_{Ⅲ}$ 是可行的，可以有效地保留Ⅲ区木糖和阿拉伯糖杂质。然而，除了在萃余液口收集的产品外，部分 XOS 进入Ⅳ区。由于 $m_{Ⅳ}$ 固定在 0.15，仅略低于 XOS 的平均亨利常数，XOS 中相对较轻的组分（XOS4～XOS67）可能不能充分保留在Ⅳ区。这部分 XOS 由流动相运送到Ⅰ区，并通过萃取口从单元中冲洗出去。因此，设定的 $m_{Ⅲ}$、$m_{Ⅳ}$ 值必须进一步减小，以满足收率约束条件。

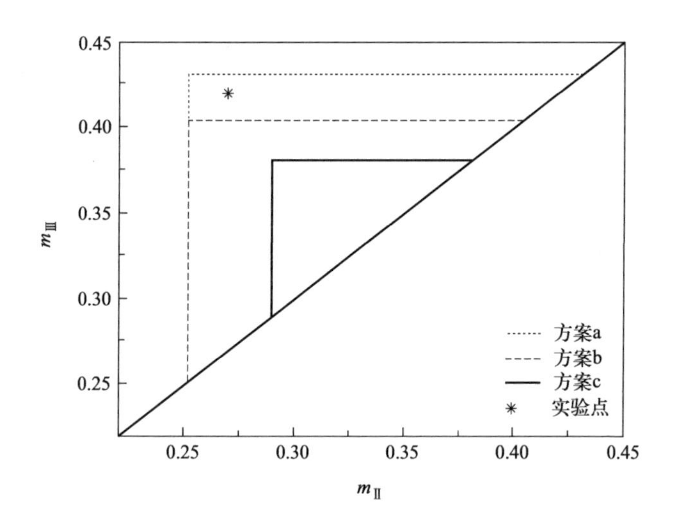

图 2-10　三种方案的 SSMB 模拟结果对比

利用上述三种方案，还研究了另一个目标收率约束降至 0.8 的案例，如图 2-11 所示。与图 2-10 的趋势相比，最显著的区别是，方案 c 预测的 $m_{Ⅱ}$边界比方案 b 预测的要低，但两种方案预测的 $m_{Ⅱ}$边界非常接近。分析知，$m_{Ⅱ}$的差异主要归因于 XOS 中相对重的组分的影响，特别是 XOS2 和 XOS3，其亨利常数约为 2.2 和 1.3，大大高于平均值 0.155。随着收率要求的降低，亨利常数的这一水平的差异可以被平均传质系数的低值所掩盖，因为这两者都会导致带宽现象。而 $m_{Ⅲ}$ 的差异主要是由 XOS 中的轻组分所决定，即 XOS4～XOS67，它们的亨利常数偏离平均值的倍数为 1.7～10。因此，亨利常数的这种高度差异不能用平均传质系数的低值来补偿。三种方案的 SSMB 实验和模拟结果对比如表 2-5 所列。

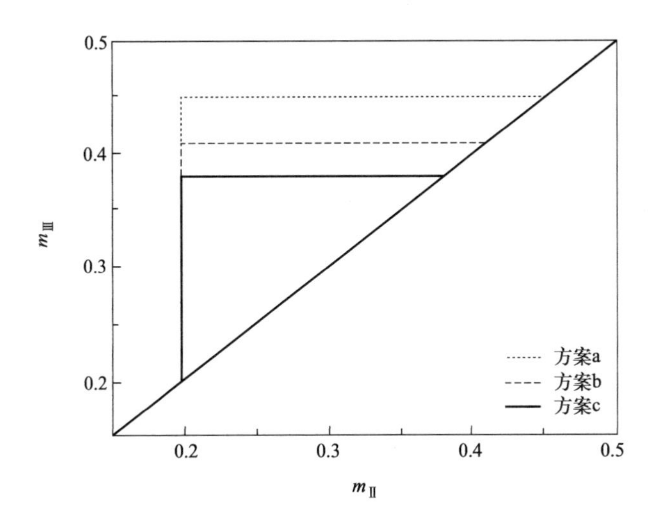

图 2-11 三种方案的 SSMB 模拟结果对比（收率约束降至 0.8）

表 2-5 三种方案的 SSMB 实验和模拟结果对比

分离目标	实验	模拟		
		方案 a	方案 b	方案 c
纯度/%	83.2	92.0	90.4	88.7
收率/%	85.7	90.3	88.9	86.2

注：1. SSMB，4 根制备柱（1m×2.5cm I.D.）。

2. SSMB 实验的操作条件为 $Q_L=20$mL/min；$Q_F=10$mL/min；$t_1=12.85$min；$t_2=2$min；$t_3=3$min。

SSMB 实验在图 2-10 中 * 点所对应的条件下进行，该点位于方案a边界内，方案c边界外。XOS的纯度和收率实验结果分别为83.2%和85.7%（表2-5）。三种计算方案的比较表明，方案c与实验结果吻合较好。另外两种使用平均亨利常数的方案可能会高估分离区，导致XOS产品的纯度和收率不能令人满意。该比较进一步验证了在XOS纯化的SMB工艺设计中考虑不同组分之间差异的必要性。应该强调的是，实验条件的确定是为了评估XOS2～XOS7之间差异的影响，而不是为了实现XOS纯化的高性能。除m_{II}和m_{III}外，在对SSMB运行条件包括m_{I}和m_{IV}进行系统优化时，还应考虑这些影响，这超出了目前的研究范围，将在未来进行研究。

综上所述，在SSMB分离低聚木糖的应用中，选择K^+型树脂运用前沿分析技术测定了木糖、阿拉伯糖和XOS作为单一组分的吸附等温线。结果表明，各组分在设定的浓度范围内均呈线性吸附。通过不同流量下的脉冲实验确定了木糖、阿拉伯糖、XOS（含XOS2～XOS7）、XOS2～XOS6的TD模型参数N_L和k_m。虽然没有得到XOS7的标准样品，但将XOS（含XOS2～XOS7）的流出曲线与XOS2～XOS6各单一组分的流出曲线进行了比较，结果表明XOS7具有与XOS6相似的吸附行为。通过SSMB模拟确定了满足XOS产品纯度和收率约束的实际操作条件。三种方案处理XOS和杂质的模拟结果表明，采用平均亨利常数和TD模型参数可能会高估单位产量，导致纯度和收率的不理想。不同聚合程度的XOS之间的差异在不同的操作区可能发挥不同的作用，在系统优化包括m_{I}和m_{IV}在内的SSMB操作条件时应考虑到这一点。通过单柱实验和SSMB实验验证了所获得的亨利常数和TD模型参数的准确性。建模和实验结果表明，以K^+ DOWEX MONOSPHERE 99/310树脂为固定相，采用SSMB工艺可获得较高的XOS纯度和收率。所获得的参数可用于未来的系统优化，以实现最大的单位产量和最低的溶剂消耗。

第3章
分离低聚木糖的多目标优化探索

3.1 多目标优化简介

模拟移动床技术已被证明是一种有效的分离方法，因为它提高了生产效率和纯度，减少了溶剂消耗，方便操作控制，并改善了一些低分离度和低选择性体系的分离性能，本书主要讨论在此基础之上的改型——顺序式模拟移动床技术（SSMB）。

传统的等温同步切换 SMB 有 5 个独立的操作变量，即切换时间和四个区的流量。一种广泛应用的优化方法是三角理论，基于瞬时局部平衡假设和忽略扩散效应，采用一阶偏微分方程来计算质量平衡。二元 SMB 系统的无量纲流速（m 值）的完全分离区域可以用线性或竞争性吸附等温线来进行解析估算。近年来，三角理论在纯度目标较低的情况下得到了广泛的应用。基于真实模拟移动床系统的稳态解，提出了另一种理论方法——驻波设计(SWD)。操作参数与分离目标之间通过一系列易于求解的代数方程相关联。此外，本书的第 1 章也介绍了多种优化方法，各有不同的优势以及适用的环境。

本章中主要讨论一种数值优化方法，即使用详细的数学模型进行过程模拟的多目标优化（MOO）[6,37,56]。这种方法的提出和必要性源于以下考虑：a. 在一些工业实际生产过程中，通常使用的色谱柱柱效较低，例如糖醇类分离纯化，这种情况下传质和带宽效应变得比较重要；b. 除了产品纯度和收率，溶剂消耗量也是至关重要的影响过程经济性的因素，应予以考虑；c. 操作参数可能对这些分离目标产生矛盾性的影响，比如提高纯度的时候势必伴随着溶剂消耗量的增加；d. 在一些添加了子步骤和温度（溶剂）梯度的 SMB 改型过程中，瞬态行为非常重要，与真实移动床的偏差变得非常明显。这些瞬态行为的影响不能再用三角形理论中的平均 m 值来解释。虽然 MOO 已被广泛用于 SMB 过程分析[57-59]，但迄今为止，文献中关于 MOO 在 SSMB 设计中的应用报道较少。

单目标优化的情况下，只有一个目标，任何两解都可以依据单一目标比较其好坏，可以得出没有争议的最优解。多目标优化与传统的单目标优化相反。多目标优化的概念是在某个情景中在需要达到多个目标时，由于容易存在目标间的内在冲突，一个目标的优化是以其他目标劣化为代价，因此很难出现唯一最优解，取而代之的是在它们中间做出协调和折中处理，使总体的目标尽可能地达到最优。多目标优化可以通过多种解法模型来实现，比如线性加权、基于相互关系的模型、e-约束、帕累托模型、基于回报值的模型。本书中主要应用的是帕累托模型（Pareto)，是多目标优化中最经典的模型，完全基于原始数据，不需要对目标进行缩放和归一化，也不需要设定或者引入新的参数，直接用原始目标函数和值进行操作，适用于任何目标、任何函数。它不会丢失目标函数和解的信息，解的优劣可以较好保证。由于变量对目标的影响存在冲突，通常会得到一组被认为同样好的解的集合，当从解集曲线上的一个点移动到另一个点时，至少有一个目标函数变好，对应至少有一个目标函数变坏。因此，Pareto 集合中的任意点都是最优且可接受的解。

本章的工作旨在开发一种经济的 SSMB 工艺，用于从工业糖浆中提取高纯度的低聚木糖（XOS）。理想的产物是 XOS，聚合度从 1～7。主要杂质是未反应的木糖和上游水解反应产生的副产物阿拉伯糖（ARS）。在第 2 章中，K^+ 型的 DOWEX MONOSPHERE 99/310 树脂被认为是分离 XOS 最合适的固定相。接下来研究的重点是确定 SSMB 纯化 XOS 的最佳操作条件，为此，需要进行具有不同优化目标的 MOO。为了简化问题，暂且认为待分离体系是一个二元体系。

3.2 多目标优化方案变量及目标描述

3.2.1 模型描述

3.2.1.1 SSMB 模型

色谱分离过程的模型有很多，第 2 章的介绍表明，传递扩散（TD）模型和线性吸附等温线可以用来描述 XOS 分离过程的吸附行为。模型形式如下：

$$\frac{\partial c_{i,j}}{\partial t}+\varphi\frac{\partial q_{i,j}}{\partial t}+u_j\frac{\partial c_{i,j}}{\partial z}-D_{L,j}\frac{\partial^2 c_{i,j}}{\partial z^2}=0 \tag{3-1}$$

$$\frac{\partial q_i}{\partial t}=k_{m,i}(H_i c_i-q_i) \tag{3-2}$$

式中，c 和 q 分别是流动相和固定相中的组分浓度；i 是不同的组分；j 是色谱柱的序号；t 是时间；φ 是相率，定义为 $\varphi=(1-\varepsilon)/\varepsilon$，$\varepsilon$ 是色谱柱空隙率；u 是间隙流动相速度，$u=q/(\varepsilon/\pi r^2)$；$z$ 是轴向坐标；D_L 是轴向扩散系数；k_m 是传质系数；H 是亨利常数。

3.2.1.2 TD模型解的数值格式

依旧采用Martin Synge方法将TD模型沿轴向离散化，以此来代替二阶导数中的$\partial/\partial z^2$。式(3-1)的离散化形式为：

$$\frac{\mathrm{d}c_{i,j}^{M}}{\mathrm{d}t}+\varphi\frac{\mathrm{d}q_{i,j}^{M}}{\mathrm{d}t}+u_j\frac{c_{i,j}^{M}-c_{i,j}^{M-1}}{\Delta z}=O(\Delta z^2) \tag{3-3}$$

$$\Delta z=\frac{L}{N_L} \tag{3-4}$$

式中，M为节点，进口为$M=0$，出口为$M=N_L$。由于从式(3-1)中消除了二阶导数，只保留入口处边界条件，由四区SMB单元的节点平衡来进行描述：

$$c_{i,j}^{0}=\begin{cases}c_{i,\mathrm{jpre}}^{N_L} & u_j\leqslant u_{\mathrm{jpre}}\\ \dfrac{u_{\mathrm{jpre}}c_{i,\mathrm{jpre}}^{N_L}+(u_j-u_{\mathrm{jpre}})c_{i,j}^{\mathrm{ext}}}{u_j} & u_j>u_{\mathrm{jpre}}\end{cases} \tag{3-5}$$

式中，上标ext代表通向入口端口的外部流股，具体地说，是分别用于柱Ⅰ和柱Ⅳ的洗脱液和进料液；下标jpre代表相邻的上游色谱柱。

$$\mathrm{jpre}=\begin{cases}4 & j=\text{Ⅰ}\\ j-1 & j=\text{Ⅱ、Ⅲ、Ⅳ}\end{cases} \tag{3-6}$$

在循环稳态下评估SSMB的性能。严格来讲，循环条件适用于离散方程：

$$c_{i,j}^{k}(t)=c_{i,j}^{k}(t+t_s) \tag{3-7}$$

$$q_{i,j}^{k}(t)=q_{i,j}^{k}(t+t_s) \tag{3-8}$$

式中，t_s为切换时间；j和k分别代表Ⅰ～Ⅳ和$1\sim N_L$的范围。由于循环条件下的方程组数值求解困难，需要将模型转化为初值问题，然后使用DⅣPAG软件包进行集成求解。下面用初始条件代替方程式(3-7)和式(3-8)。

$$c_{i,j}^{k}(t=0)=q_{i,j}^{k}(t=0)=0 \tag{3-9}$$

研究发现，在不到10次循环的时间内，基本可以达到循环稳态。但需要至少15个周期（60次切换，180个子步骤）才可以保证两个组分的相对质量平衡误差小于0.5%，以确保在SSMB模拟过程中处于平衡态。

3.2.1.3 模型参数

采用TD模型的四柱SSMB单元模拟参数如表3-1所示。进料液的配比符合典型工业流程中原料XOS糖浆的组成。柱参数、平衡参数和动力学参数已经通过单柱实验获得。

表3-1 四柱SSMB单元模拟参数

柱参数	柱数	4
	d	2.5cm
	L	100cm
	ε	0.416
	Q_{max}	20mL/min
动力学参数	N_L	2000
	$k_{m,XOS}$	0.36min^{-1}
	$k_{m,杂质}$	4.54min^{-1}
吸附等温线（T=60℃）	H_{XOS}	0.167
	$H_{杂质}$	0.450
进料液组成	$C_{XOS,F}$	210g/L
	$C_{杂质,F}$	90g/L

3.2.2 变量及优化目标描述

如第1章所介绍，一个SSMB分离过程有7个独立的运行参数，即3个子步骤的时间（t_1、t_2、t_3）、4个流量（Q_L、$Q_{E,阶段1}$、$Q_{E,阶段3}$和Q_F）。为简化问题，在本书中假设Ⅰ区在三个阶段的流量都是恒定的。此外，Ⅰ区恒定流量的计算是基于在受柱压降限制下的最大流量，即 $Q_L = Q_E = Q_{\text{I}} = Q_{max}$。因此，SSMB 三个子步骤的操作参数如表 3-2 所列。

表 3-2　SSMB 三个子步骤的操作参数

子步骤	时间	Q_{I}	Q_{II}	Q_{III}	Q_{IV}
1	t_1	Q_{max}	0	Q_F	0
2	t_2	Q_{max}	Q_{max}	Q_{max}	Q_{max}
3	t_3	Q_{max}	Q_{max}	Q_{max}	0

在整个优化过程中，结合柱压，将 Q_{max} 值固定为 20mL/min。因此，需要优化的独立变量数量减少到 4 个。这些参数最终由 MOO 进行筛选确定，而三角理论可以用于参数范围的初步筛选，为 MOO 提供初始条件。定义的流量比（m）也将在下面进行深入讨论。

$$m_j = \frac{\int_0^{t_s} Q_j \, dt - V\varepsilon}{V(1-\varepsilon)} \tag{3-10}$$

由此 m 值依次确定需要优化的 4 个 SSMB 变量：

$$t_2 = \frac{m_{\text{IV}} V(1-\varepsilon) + V\varepsilon}{Q_{max}} \tag{3-11}$$

$$t_3 = \frac{m_{\text{II}} V(1-\varepsilon) + V\varepsilon}{Q_{max}} - t_2 \tag{3-12}$$

$$t_1 = \frac{m_{\text{I}} V(1-\varepsilon) + V\varepsilon}{Q_{max}} - t_3 - t_2 \tag{3-13}$$

$$Q_F = \frac{m_{\text{III}} V(1-\varepsilon) + V\varepsilon - (t_2 + t_3) Q_{max}}{t_1} \tag{3-14}$$

通过前期的分析可知，所需最终产品 XOS 在固相中保留得较少（轻组分），因此在萃余液端口收集。本优化工作将通过 XOS 纯度（purity，*Pur*）、收率（recovery，*Rec*）、单位处理量

(unit throughput，UT) 和水耗 (water consumption，WC) 来评价 SSMB 工艺的性能和分离效果，这些指标定义如下：

$$Pur=\frac{\int_0^{t_s} c_{\mathrm{XOS,R}} Q_{\mathrm{R}} \mathrm{d}t}{\int_0^{t_s} (c_{\mathrm{XOS,R}}+c_{\text{杂质},\mathrm{R}}) Q_{\mathrm{R}} \mathrm{d}t}\times 100\% \tag{3-15}$$

$$UT=\frac{Q_{\mathrm{F}} t_1}{t_{\mathrm{s}}} \tag{3-16}$$

$$WC=\frac{Q_{\max}(t_1+t_3)}{t_{\mathrm{s}}} \tag{3-17}$$

$$Rec=\frac{\int_0^{t_s} c_{\mathrm{XOS,R}} Q_R \mathrm{d}t}{c_{\mathrm{XOS,F}} Q_{\mathrm{F}} t_1}\times 100\% \tag{3-18}$$

在下面的方案中，都同时优化了两个目标。采用非支配排序遗传算法（NSGA-Ⅱ），得到 Pareto 解集，该算法已被证明可以有效地解决各种工业化工过程中的多目标优化问题。本书共考虑了三类具有不同目标函数的优化问题。此外，对纯度、收率和单位处理量的最低要求进行了约束，将所有优化结果限制在有实践价值的范围内。优化问题的构型、限制条件及变量范围总结如表 3-3所列，这是使用 NSGA-Ⅱ 方法所需要进行设置的。NSGA-Ⅱ 的另外两个关键参数是种群数和代数，在此都设置为 100。

表 3-3 优化问题的构型、限制条件及变量范围总结

优化方案	优化目标	限制条件	变量范围
1.1	最大化 Pur； 最大化 UT	$Pur>90\%$； $Rec>90\%$	$0.6<m_{\mathrm{I}}<1.2$；$0.15<m_{\mathrm{II}}<0.35$； $0.2<m_{\mathrm{III}}<0.6$；$0.05<m_{\mathrm{IV}}<0.15$
1.2	最大化 Pur； 最大化 UT	$Pur>90\%$； $Rec>90\%$	$0.6<m_{\mathrm{I}}<1.2$；$0.15<m_{\mathrm{II}}<0.35$； $2<Q_{\mathrm{F}}<10$；$0.05<m_{\mathrm{IV}}<0.15$

续表

优化方案	优化目标	限制条件	变量范围
2	最大化 *UT*； 最小化 *WC*	*Pur*＞90%，95%，97%； *Rec*＞90%	$0.6<m_{Ⅰ}<1.2$；$0.15<m_{Ⅱ}<0.35$； $0.2<m_{Ⅲ}<0.6$；$0.05<m_{Ⅳ}<0.15$
3	最大化 *Rec*； 最小化 *WC*	*Pur*＞90%； *UT*＝2mL/min，3mL/min，4mL/min	$0.5<m_{Ⅰ}<1.2$；$0.15<m_{Ⅱ}<0.35$； $0.05<m_{Ⅳ}<0.15$

3.3 低聚木糖分离过程多目标优化

3.3.1 以同时增大低聚木糖的纯度和单位处理量为优化目标

本书首先研究了 *Pur* 和 *UT* 的同时最大化，这是 SMB 中研究最广泛的多目标优化（MOO）问题之一。除了这两个优化目标外，还为纯度和收率设定了限制条件，均为 90%。在使用 NSGA-Ⅱ的过程中，如果其中任何一个约束条件不满足，都会把值舍去，重新进行搜索和筛选。在本节，使用不同变量进行了两组计算，结果如下所述。

3.3.1.1 案例 1.1：使用 m_{I}、m_{II}、m_{III} 和 m_{IV} 作为变量

如前文所述，SSMB 单元的四个独立运行的参数均受 MOO 约束。本案例首先选择了流量比：m_{I}、m_{II}、m_{III} 和 m_{IV} 作为待优化变量。使用方程式(3-11)～式(3-14) 计算相应的操作条件参数 t_1、t_2、t_3 和 Q_{F}。然后，利用表 3-1 所示的柱参数、平衡参数和动力学参数进行 SSMB 模拟。基于目标函数和约束条件的仿真结果通过 NSGA-Ⅱ进行评估，并在设定的范围内自动更新

运行参数。经过 100 次迭代得到的最优解集如图 3-1 所示。

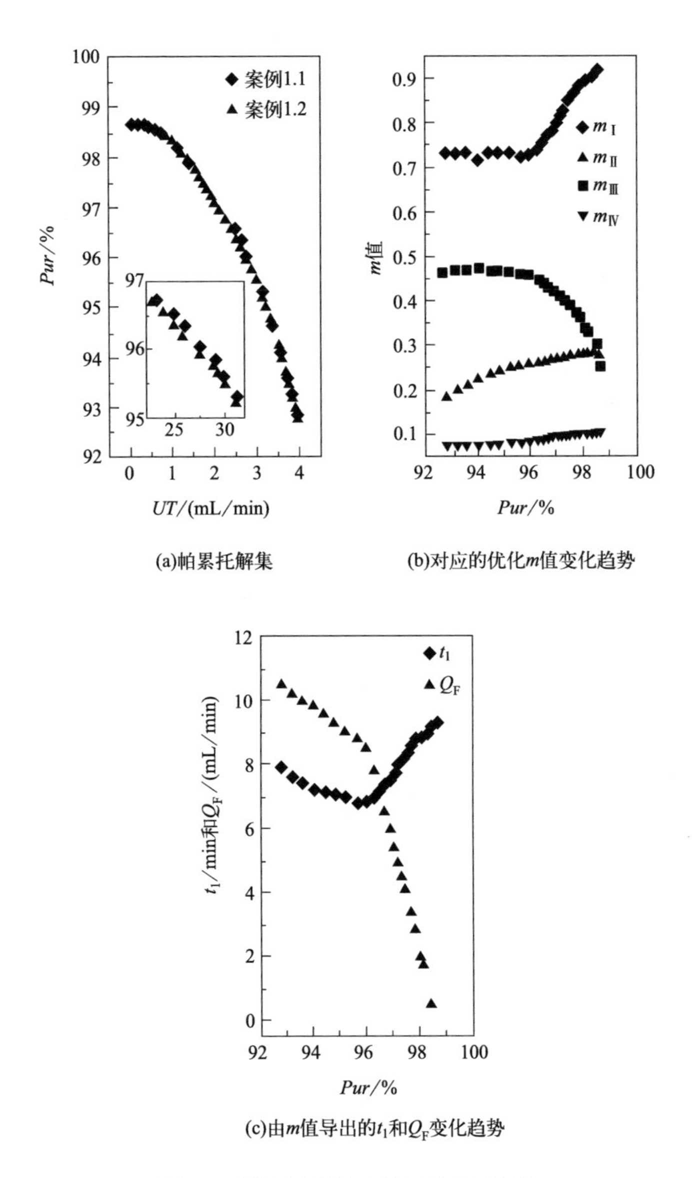

图 3-1 同时提高单位处理量和纯度的 SSMB 工艺的最优解集

从图 3-1(a) 可以看出，通过正确地调试 SSMB 运行条件，XOS 的纯度可达到 90%以上，可以满足商业上的最低要求。最大单位处理量随 XOS 纯度的增加而降低。在操作条件的限定范围（由表 3-3 中的边界所定义的）之内给出（*Pur-UT*）平面上的帕累托曲线，当一个优化目标变好的同时势必要以牺牲另一个目标为代价。因此，这条曲线上的所有点都被认为是同样好的点，即该优化问题的最优解。最后，将 NSGA-Ⅱ 在 100 代后给出的一些明显的离线点手动删除。

相应的决策变量 m_{I}、m_{II}、m_{III} 和 m_{IV} 变化趋势与产品纯度之间的关系如图 3-1(b) 所示。与表 3-3 的上限比较，所有获得的最优运算点都被限制在预设参数范围内。

图 3-1(b) 的趋势可以分为两个部分：a. 在纯度低于 95.3% 的范围内，m_{I}、m_{III} 和 m_{IV} 基本不变，而 m_{II} 随着纯度的增加而增加；b. 在较高的范围内，m_{III} 随纯度的增加而减小，其他三个 m 值随纯度的增加而增大。表 3-4 将 SSMB 的 m 值变化趋势与常规 SMB 的 m 值变化趋势进行了比较。同时提高单位处理量和纯度的常规 SMB 的 Pareto 解及其决策变量 m 值变化趋势见图 3-2。

表 3-4　SSMB 与常规 SMB 的 m 值变化趋势

变化范围	操作模式	*Pur*	*UT*	m_{I}	m_{II}	m_{III}	m_{IV}
低	SMB	+	−	=	−	−	=
	SSMB	+	−	=	+	=	=
高	SMB	+	−	+	−	−	+
	SSMB	+	−	+	+	−	+

注：+、−、=分别代表增加、减少和保持不变。

对于在切换中具有固定流型的常规 SMB 过程，四个区域的 m 值分别由相应的流量确定。因此，根据各区域的功能作用，可以用三角理论直观地解释表 3-4 中的变化趋势。各组分的分离主要在Ⅱ、Ⅲ区实现。根据三角理论，一方面为了增加单位处

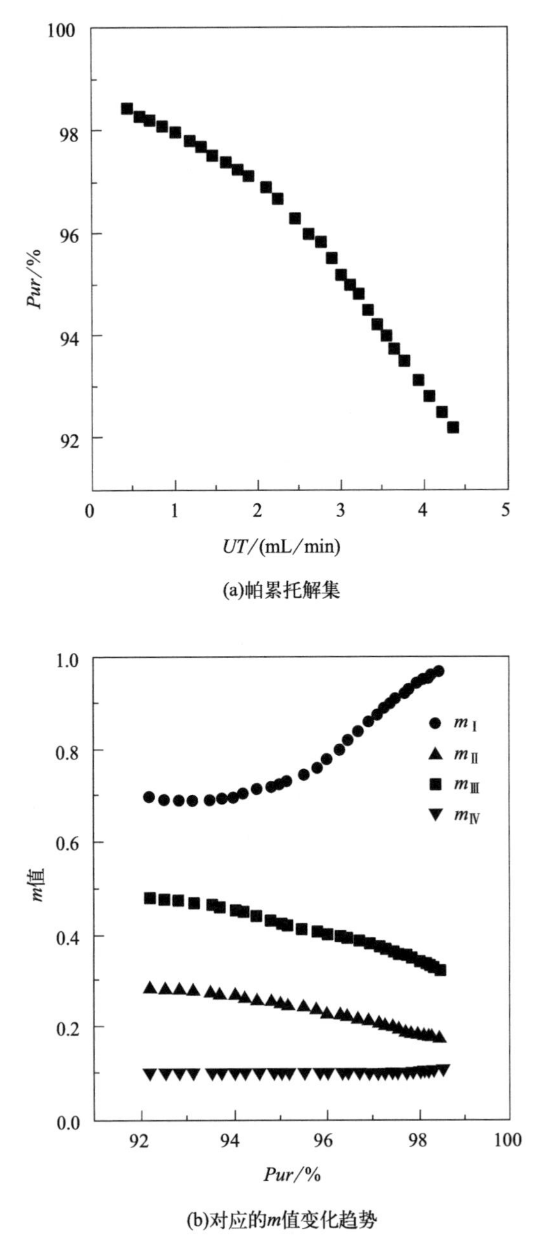

(a)帕累托解集

(b)对应的m值变化趋势

图 3-2　同时提高单位处理量和纯度的常规 SMB 工艺最优解集

理量，Ⅱ区的流量应该尽可能大，以输送更多的轻组分到进料口；另一方面，为满足纯度要求，Ⅲ区流量应尽可能小，以保留重组分，防止其进入萃余口污染产品。$m_{\text{Ⅱ}}$值随纯度的增加而降低，说明在整个纯度大于90%的范围内，后者的影响占主导地位。

Ⅲ区流量受萃余液重组分突破的限制，因此，$m_{\text{Ⅲ}}$随着纯度的增加而降低。$m_{\text{Ⅲ}}$的下降比$m_{\text{Ⅱ}}$更显著，导致单位处理量的下降，这是Ⅱ区和Ⅲ区流量的差异。Ⅰ区和Ⅳ区分别为固定相和流动相的再生区，在较低的纯度范围内，它们对纯度的影响可以忽略不计。在较高的纯度范围内，$m_{\text{Ⅰ}}$和$m_{\text{Ⅳ}}$都需要提高，以防止切换柱后残留的重组分污染萃余液产物。

然而，在SSMB的情况下，如式(3-10)中定义的m值，是在具有不同流型的三个子步骤的切换上取得平均值。根据式(3-11)～式(3-14)，给定固定的Q_{max}，只有$m_{\text{Ⅳ}}$由单一变量t_2决定。此外，$m_{\text{Ⅰ}}$由t_s直接确定，可以用t_s代替t_1和t_3中的一个作为独立的操作变量。而确定$m_{\text{Ⅱ}}$和$m_{\text{Ⅲ}}$分别需要2个和4个变量，这也间接说明了Ⅱ、Ⅲ区的m值受到多种因素的影响。在（$m_{\text{Ⅱ}}$-$m_{\text{Ⅲ}}$）平面上绘制三角形，以优化指定纯度要求的单位处理量。因此，与常规的SMB相比，最优的SSMB操作可能会呈现出一些不同的趋势，这些趋势是用平均m值三角形理论无法直接解释的。如表3-4所示，SSMB的$m_{\text{Ⅰ}}$和$m_{\text{Ⅳ}}$趋势与常规SMB相似，而$m_{\text{Ⅱ}}$和$m_{\text{Ⅲ}}$表现出一些不同的特征，这两个值是由一个与以上不同流型的子步骤的组合来确定的。由于关于SSMB的文献报道较少，因此有必要首先明确一次切换中各个运行阶段的具体作用。为此，深入研究了纯度为95.2%的优化点对应的SSMB循环稳态内部浓度分布情况，如图3-3所示。

可以看到，在一次切换的开始（t_s+），XOS在Ⅱ区几乎饱和。Ⅰ区有少量的XOS，Ⅲ区XOS浓度相对较高。杂质也主要

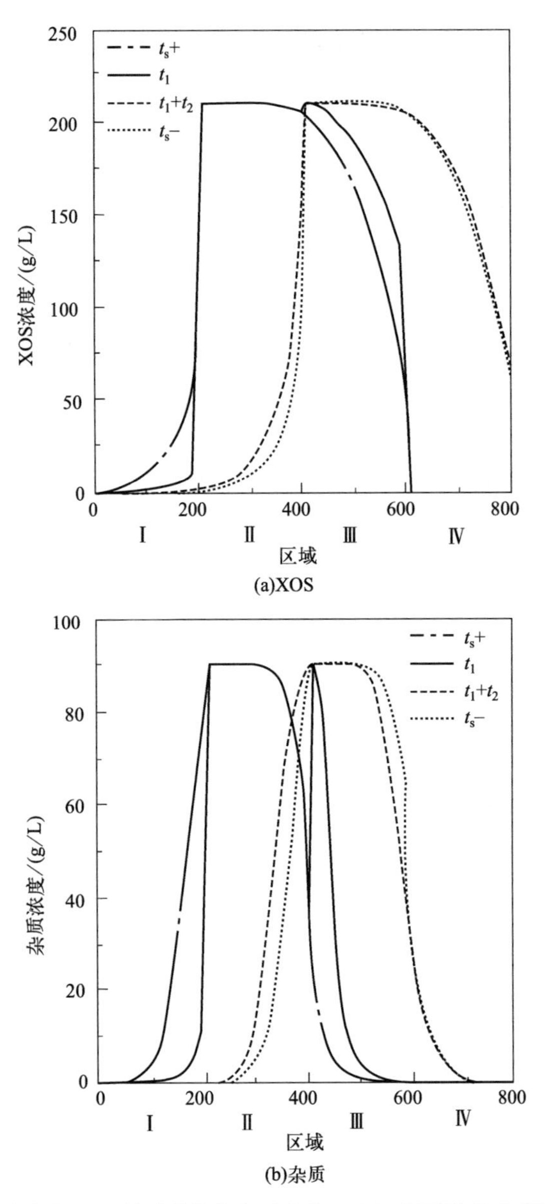

图 3-3　纯度为 95.2%时的优化点对应的 SSMB 循环稳态内部浓度曲线

此条件下对应的 m 值：$m_{\mathrm{I}}=0.73$，$m_{\mathrm{II}}=0.25$，

$m_{\mathrm{III}}=0.46$，$m_{\mathrm{IV}}=0.079$

分布在Ⅱ区，但是在Ⅰ区浓度较高，只有一小部分扩展到Ⅲ区。Ⅳ区不含任何组分。

在SSMB第一个子步骤，外部进料流由Ⅲ区进料，在此之前富集的XOS被流动相冲洗到萃余液端口。在这一阶段，它的前部向前移动了大约三分之一的距离。而杂质也一同向前移动，不过由于吸附强度较高，移动速度较慢，大部分杂质被保留在柱中。在杂质洗脱之前就切换到下一个子步骤，这与常规SMB优化条件不同（见图3-4）。同时，将洗脱液引入Ⅰ区，之前残留的杂质冲洗到萃取口并收集。同样被冲洗出去的是一小部分XOS，从而会一定程度上降低收率。因此，在循环达到稳态下，这一阶段必须收集进料液中所含的大部分杂质，这与常规的SMB类似。如图3-3所示，在这一阶段结束时，Ⅰ区的吸附剂基本得到再生，这决定了t_1的持续时间。在此阶段，Ⅱ区和Ⅳ区的浓度分布没有改变，因为没有流动相流入。

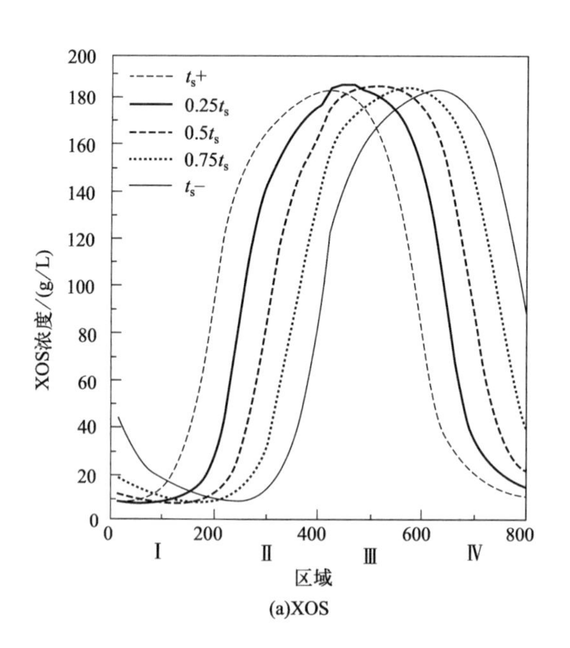

(a)XOS

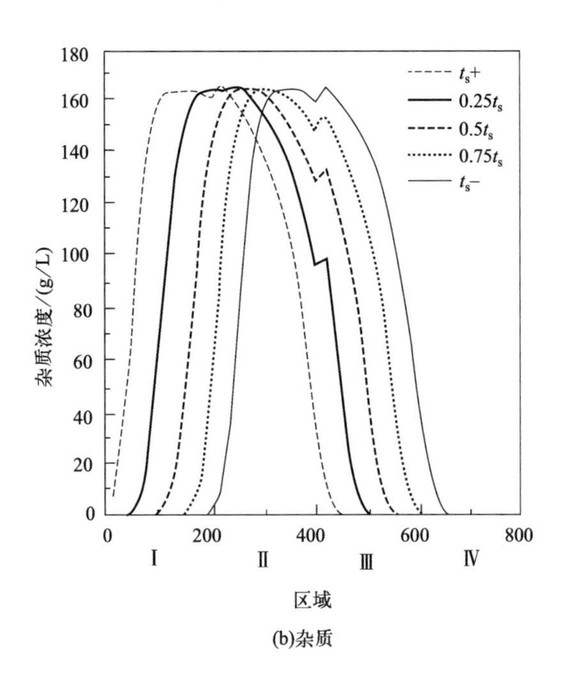

(b)杂质

图 3-4　纯度为 97.76%时的 SMB 内部浓度曲线

此条件下对应的 m 值：$m_{\text{Ⅰ}}=0.60$，$m_{\text{Ⅱ}}=0.20$，

$m_{\text{Ⅲ}}=0.39$，$m_{\text{Ⅳ}}=0.19$

在 SSMB 第二个子步骤，所有进、出口端口关闭，形成一个闭合的回路，流动相在其中不断循环，各组分在色谱柱的内部循环和向前驱动力的作用下重新分配。在这一阶段结束时，XOS 在Ⅲ区饱和，在Ⅳ区富集。正是在这一步骤中，Ⅳ区通过保留轻组分来实现流动相的再生，这与常规的 SMB 类似。但是，由于萃取口没有打开，没有出口流，因此允许一部分的 XOS 进入Ⅰ区。杂质的流出曲线主要分布在Ⅱ区和Ⅲ区，之后会与 XOS 进一步分离。

最后一个子步骤中，再次引入新鲜的洗脱液，向Ⅰ区、

Ⅱ区和Ⅲ区输送流动相，Ⅳ区被隔离开来，只有萃余液出口是开放的，用于收集之前在Ⅲ区饱和的XOS。在此期间部分杂质会一起冲洗出来，降低产品的整体纯度。Ⅳ区不工作时，XOS浓度略有降低，这是由于TD模型考虑的固液两相传质受限。为了解释图3-1(a)中的趋势，在图3-5中，将下面定义的组分Ⅰ在三个典型情况下的质量流量（MF）绘制为t/t_s的函数：

$$MF_i = c_{i,R} Q_R \tag{3-19}$$

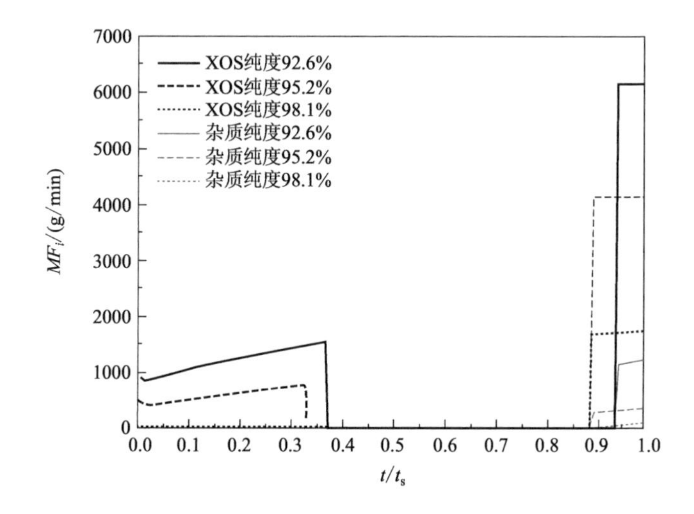

图3-5　不同浓度下的萃余口处质量流量图

黑色代表XOS，灰色代表杂质；实线、虚线、点线分别代表不同的产品纯度92.6%($m_Ⅰ=0.73$，$m_Ⅱ=0.18$，$m_Ⅲ=0.47$，$m_Ⅳ=0.075$)，95.2%($m_Ⅰ=0.73$，$m_Ⅱ=0.25$，$m_Ⅲ=0.46$，$m_Ⅳ=0.079$)，98.1%($m_Ⅰ=0.89$，$m_Ⅱ=0.28$，$m_Ⅲ=0.33$，$m_Ⅳ=0.099$)

图3-5中，每条曲线下的积分面积是萃余液端口对应组分的平均质量流量（AMF，g/min)。计算出的三种不同纯度下的AMF值如表3-5所列。

表 3-5　三种不同纯度下的 AMF 值

纯度	变量				AMF/(g/min)					
	m_{I}	m_{II}	m_{III}	m_{IV}	XOS 1	XOS 3	XOS T	IMP 1	IMP 3	IMP T
92.6%	0.73	0.18	0.47	0.075	445	307	752	0.408	59.5	59.9
95.2%	0.73	0.25	0.46	0.079	203	404	607	0	30.9	30.9
98.1%	0.89	0.28	0.33	0.099	2	211	213	0	4.23	4.23

注：1、3、T 分别代表第一个子步骤、第三个子步骤和整体；IMP 表示杂质。

可以看出，纯度要求为 95.2%时，萃余液口收集到的 XOS 约为 607g/min，杂质约为 30.9g/min。大约三分之二的 XOS 是在第三个子步骤收集的。更值得注意的是，基本上所有的杂质都被引入第三个子步骤的萃余液流中。

当纯度要求降低到 92.6%时，t_1 和 Q_F 都增加了［见图 3-1(c)］，从而增加了处理量。其与 95.2%的最佳操作条件不同，更多保留的重组分杂质被进一步冲洗到萃余液口，在第一阶段结束时到达出口处。t_1 期间收集了大量的 XOS，AMF_{XOS}从 203g/min 增加到 445g/min。回想一下，由式(3-11) 和式(3-13) 可知，在给定固定的最大流量时，m_{I} 和 m_{IV} 值分别由总切换时间 t_s 和 t_2 决定。在低纯度范围内，与传统的 SMB 过程相似，m_{I} 和 m_{IV} 保持不变，代表这两个时间是恒定的。因此，在纯度降低的情况下，t_3 随着 t_1 的增加而降低。因此，随着 t_3 的减小，在Ⅲ区出口处收集到的 XOS 会减少。但是，由于在前面的步骤中，杂质被进一步向前推动，特别是在第一阶段，故杂质在第三阶段比纯度为 95.2%的情况下在Ⅲ区富集的量更多。这种富集效应超越了 t_3 降低所带来的影响，在第三个子步骤收集到了更多的杂质，导致总纯度的降低。由式(3-13) 可知，在较低的纯度范围内，由于 t_3 的降低，m_{II} 随着纯度的降低而降低。t_3 对 m_{III} 降低的影响由于 t_1 和 Q_F 的增加得到补偿，总的结果是，m_{III} 在纯度低于 95.2%时保持恒定。

简洁起见，与常规 SMB 类似的其他趋势在此不做进一步讨论。

3.3.1.2 案例 1.2：使用 Q_F、$m_Ⅰ$、$m_Ⅱ$ 和 $m_Ⅳ$ 作为变量

用 Q_F 代替案例 1.1 中的变量 $m_Ⅲ$，完成与案例 1.1 相同的目标函数和约束条件下的优化问题。Jiang 等发现，用进料流量 Q_F 代替 $m_Ⅲ$ 可以简化参数边界的定义，加快传统 SMB 多目标优化过程中的收敛速度，实现选择性相对较系统的二元分离。

将获得的 Pareto 曲线绘制在图 3-1(a) 中进行直接比较。可以看出，使用不同变量进行优化的两条曲线几乎重合，验证了 NSGA-Ⅱ算法和获得的最优解的可靠性。在纯度为 95%～97%（此纯度范围具有工业实用价值）的范围内进行比较［图 3-1(a)］，案例 1.1 得到的 Pareto 曲线略高于案例 1.2。优化后的案例 1.2 的决策变量变化趋势如图 3-6 所示。这些趋势在数值上与图 3-1(a) 中的趋势相似，但数据点更加分散。为了保持一致性，

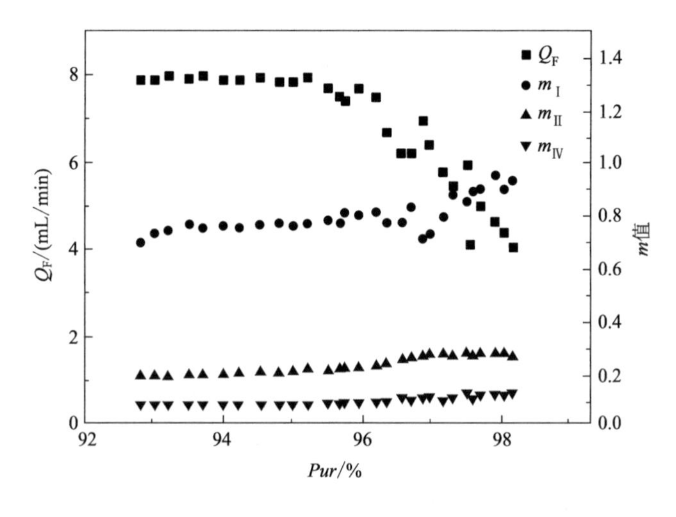

图 3-6 优化后的案例 1.2 中的决策变量变化趋势

在接下来的工作中，统一使用 m 值作为决策变量。

3.3.2 增大单位处理量的同时减小过程水耗

溶剂消耗是直接决定糖类纯化工业成本的主要问题之一。在下面的讨论中，将式(3-17) 中定义的溶剂消耗量（即水耗）视为其中一个优化目标。首先研究了单位处理量最大化和溶剂消耗量最小化的问题，然后研究了几组对产品纯度有不同要求的情况，优化问题操作参数设置见表 3-2。

如图 3-7(a) 所示，为了达到所需的纯度，可以通过补偿更多的溶剂消耗来提高单位处理量。随着纯度的增加，帕累托曲线向下移动，即单位处理量减小。

在图 3-7(b) 中，使用纯度大于 90%时的 m 值与单位处理量作图。在单位处理量较低的范围内，m_{I} 几乎是恒定的，t_s 也是恒定的。根据传统 SMB 过程的一个切换时间内的节点平衡，单位处理量的增加可以直接解释为 m_{III} 的增加和 m_{II} 的减少。相应水耗的增加是由于 m_{IV} 的降低。在传统 SMB 过程中，当 t_s 不变时，Ⅱ、Ⅲ和Ⅳ 区的流动相流量应根据相应的 m 值增大或减小。然而，对于 SSMB，这些平均 m 值的定性趋势并不足以解释各区的分离情况，也不能为操作条件提供直接的指导。m_{IV} 的减少意味着循环步长 t_2 的减少，由式(3-12) 可知，m_{II} 同时受到 t_2 和 t_3 的影响。由于 m_{II} 的趋势与 t_2 的趋势在性质上是一致的，所以无法确定 t_3 是增加还是减少。m_{III} 的增加，是式(3-14) 中定义的 4 个参数的函数。t_1 和 Q_F 的趋势无法直接得到。图 3-7(c) 为优化后的 t_1、t_3、Q_F 与 UT 之间的关系曲线。可以看出，t_3 实际上是随着 UT 的增加而降低的，UT 对 m_{II} 的降低有正向作用，但对 m_{II} 的增加有负向作用。因此，m_{III} 的增加归因于 t_1 和 Q_F 的增加。UT 进一步增大需要加速切换时间，m_{I} 会相应减小。

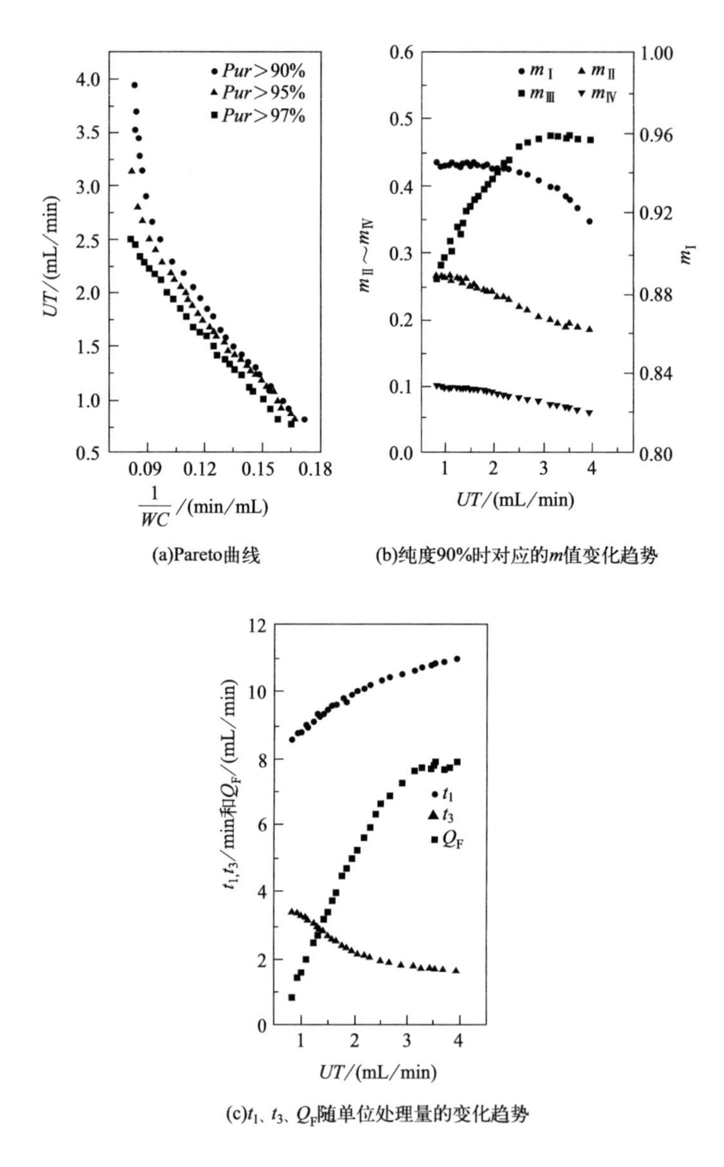

图 3-7　增大单位处理量的同时减小过程水耗优化结果

其他纯度约束对应的 m 值和操作参数见图 3-8 和图 3-9。

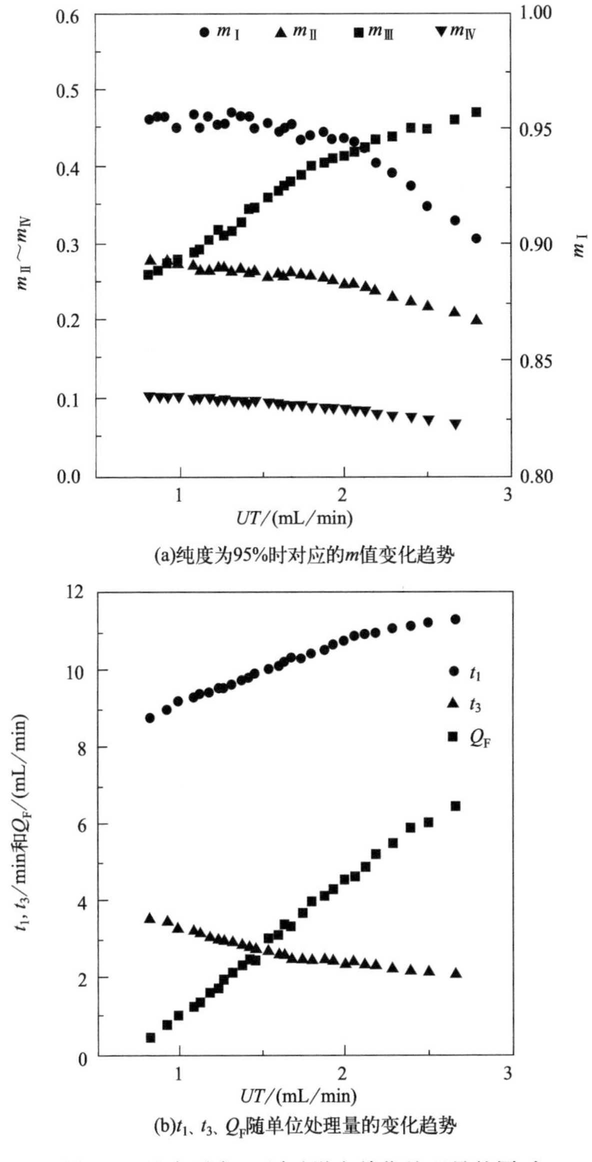

(a)纯度为95%时对应的m值变化趋势

(b)t_1、t_3、Q_F随单位处理量的变化趋势

图 3-8　纯度要求 95%时增大单位处理量的同时减小过程水耗优化结果

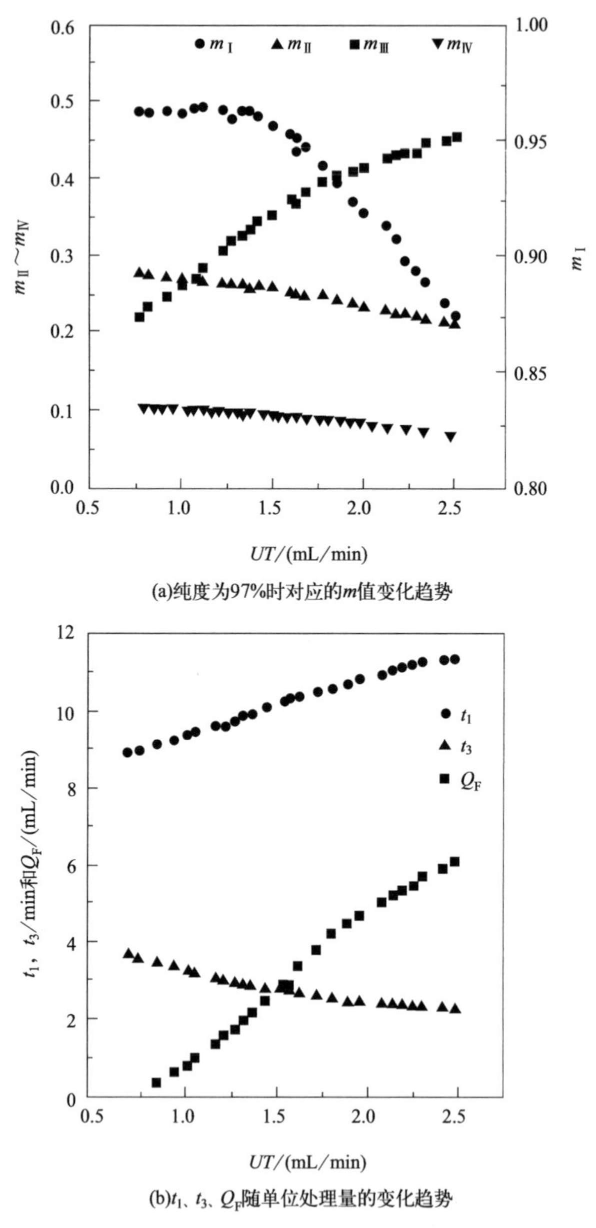

(a)纯度为97%时对应的m值变化趋势

(b)t_1、t_3、Q_F随单位处理量的变化趋势

图 3-9　纯度要求 97%时增大单位处理量的同时减小过程水耗优化结果

3.3.3 增大低聚木糖收率的同时减小过程水耗

在3.3.2节所述优化中，收率大于90%被用作约束条件之一。在本节中，优化目标为提高XOS收率的同时减少溶剂消耗。约束条件是纯度大于90%，在不同的单位处理量值的情况下进行了三组优化。由于本优化案例中单位处理量值已经固定，根据式(3-16)的定义，独立变量减少到3个。优化问题操作参数设置如表3-2所示，本例中使用m_{I}、m_{II}和m_{IV}。用式(3-11)～式(3-13)将它们转换为t_1、t_2和t_3的值。由于没有使用参数m_{III}，故对于给定的UT、Q_F可由式(3-16)进行计算。

从图3-10(a)可以看出，对于每个固定的UT，都得到了XOS收率最大化和水耗最小化的帕累托曲线。当固定的UT值增加时，Pareto曲线在（*Rec-WC*）平面上向下移动。图3-10(b)中，绘制了$UT=2\mathrm{mL/min}$时对应的m值与收率之间的关系。可以看出，三个m值都随着收率的增加而增加。同样，这些趋势无法直接进行解释，对帕累托趋势的解释涉及各操作参数、内部浓度分布和*MF*曲线的分析，这些具体的分析过程与3.3.1类似，在此不做过多叙述（图3-11～图3-13）。简而言之，虽然在这种情况下只有三个独立的参数，但所有的四个无量纲参数都随着收率而变化。随着收率的增加，t_1、t_2和t_3升高，Q_F降低。

总之，SSMB的一次切换分为三个子步骤，每个子步骤具有不同的分离职能。即使将独立运行参数减少到与常规SMB相同的数量，SSMB仍然更加复杂。具体来说，产物和杂质分两步进入萃余液流，在不同的优化条件下，萃余液的比例可能发生变化。第一个子步骤中原料液的进入由流量和时间决定，时间的设定应足以收集萃取流中的杂质。平均的m值不足以直接指导SSMB中操作参数的调整。各操作参数对目标函数和约束条件的影响是耦合的，只有建立最优解才能定性地预测、分析。因此，SSMB过程的设计需要严格的多目标优化和详细的模型。

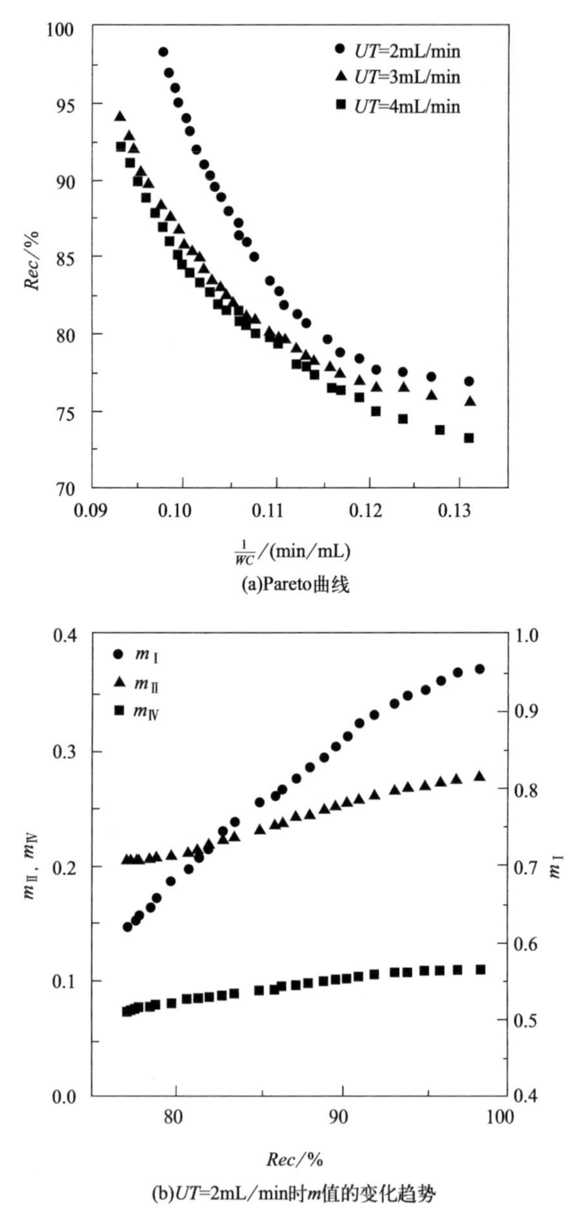

(a)Pareto曲线

(b)UT=2mL/min时m值的变化趋势

图 3-10　增大低聚木糖收率的同时减小过程水耗优化结果

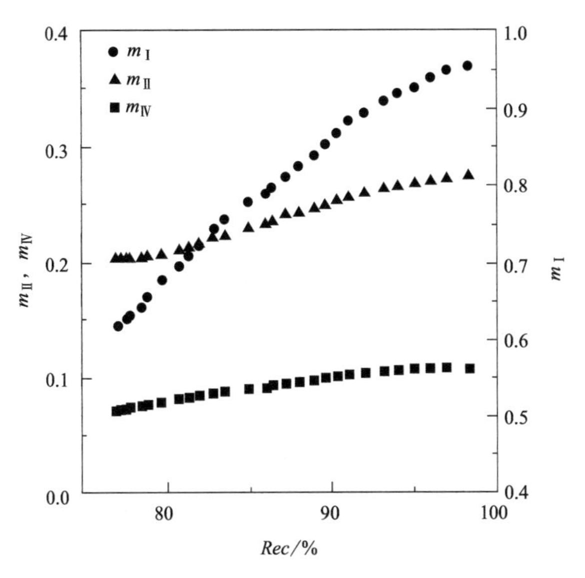

(a)UT=2mL/min时m值的变化趋势

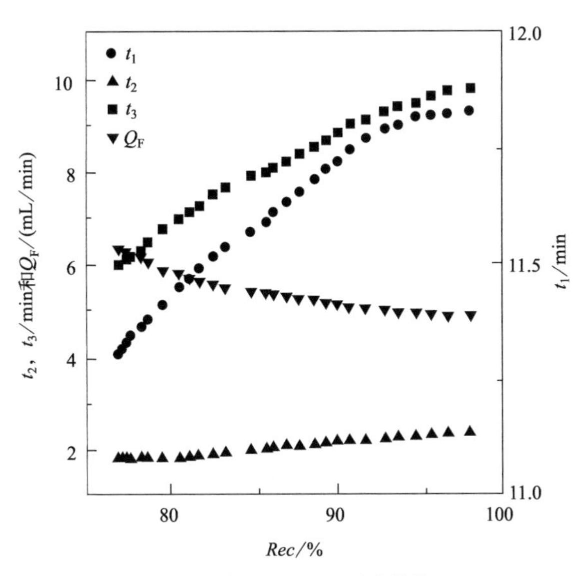

(b)相应的t_1、t_2、t_3和Q_F变化趋势

图 3-11 增大低聚木糖收率的同时减小过程水耗优化结果

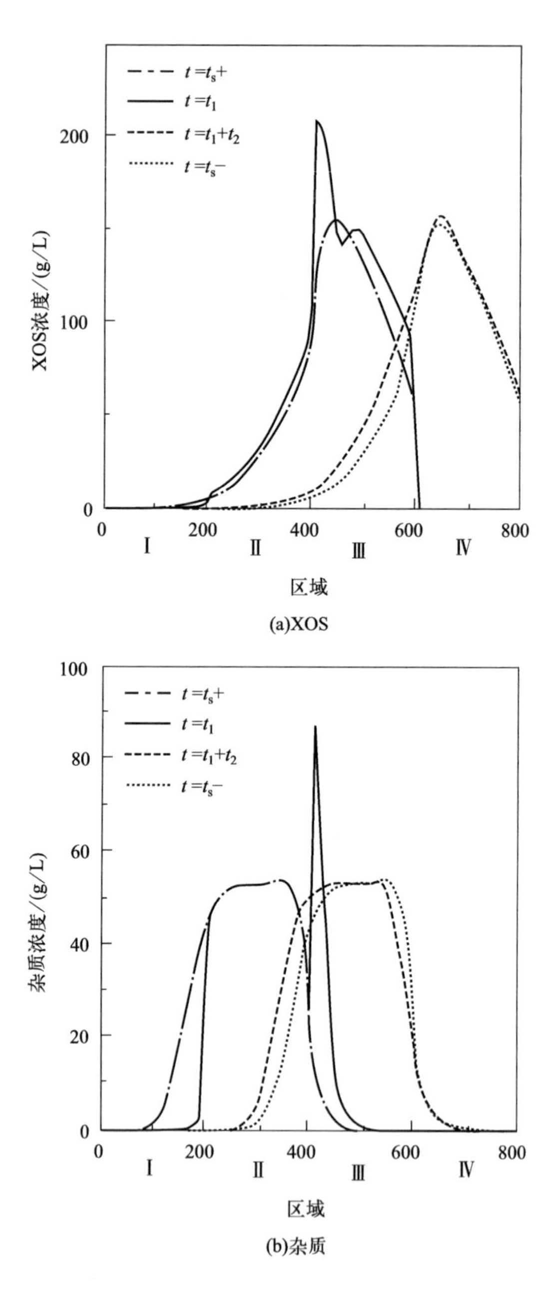

图 3-12 $UT=2\text{mL/min}$ 时的内部浓度曲线

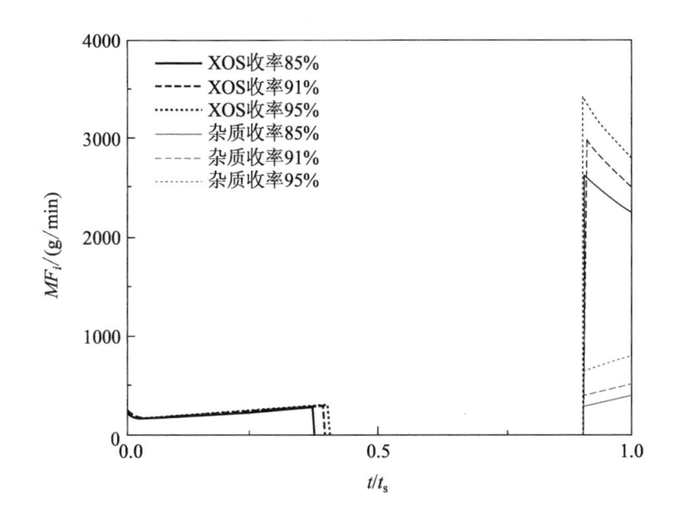

图 3-13　UT＝2mL/min 时的 MF 图

黑色代表 XOS，灰色代表杂质；实线、虚线、点线分别代表不同的收率：85%（$m_{\text{I}}=0.78$，$m_{\text{II}}=0.23$，$m_{\text{IV}}=0.091$），91%（$m_{\text{I}}=0.88$，$m_{\text{II}}=0.26$，$m_{\text{IV}}=0.10$）和 95%（$m_{\text{I}}=0.93$，$m_{\text{II}}=0.27$，$m_{\text{IV}}=0.11$）

综上所述，本章介绍了采用多目标优化方法研究四柱 SSMB 纯化 XOS 的可行性。采用传递扩散模型描述动态吸附行为，采用NSGA-Ⅱ算法求解具有不同目标函数和约束条件的各种优化问题。对吸附量较少的 XOS 进行了单位处理量和纯度同时最大化的优化，结果表明，XOS 的纯度可连续达到 90%以上，回收率可达 90%以上。然而，随着纯度要求的增加，最佳单位处理量降低，在（UT-Pur）平面上形成帕累托曲线。虽然这两个目标之间的权衡通常是 SMB 分离过程的重点，但 SSMB 中根据 m 值的决策变量趋势显示出一些与传统 SMB 不同的性质。随着萃余液纯度的增加，单位处理量的下降主要归因于 m_{II} 的增加，而不是 m_{III} 的减少。通过对萃余液口内部浓度分布和质量流量的分析，解释了这些变化。本质上，SSMB的切换被划分为3个子步骤，每一步具有不同的持续时间和操作模式。每个子步骤都有其特定的职能。子步骤1的持续时间，对应于纯度范围的边界。$m_{\text{Ⅱ}}$增加会导致纯度的增加，这是因为子步骤3持续时间的增加以及Ⅳ区的隔离。$m_{\text{Ⅲ}}$的恒定不变是由于t_3的增加和子步骤1中Ⅲ区流量的减小。此外，随着纯度的进一步增加，$m_{\text{Ⅱ}}$增加，这是由于使用内部循环操作的子步骤2持续时间的增加。由于进料流量的急剧下降，$m_{\text{Ⅲ}}$降低，$m_{\text{Ⅱ}}$增加，加速了UT的下降。结果表明，当SSMB在切换过程中发生瞬态变化时，平均$m_{\text{Ⅱ}}$和$m_{\text{Ⅲ}}$值由多个操作参数的组合影响所确定。直接使用m平均值的三角理论来解释可能会导致对这类过程的错误设计和判断。

溶剂消耗是糖类分离纯化领域重点关注的问题，在本书中也做了详细分析。对于一定的纯度和收率要求，水的消耗量随着单位处理量的增加而增加，随着纯度要求的增加而增加。对于给定的纯度要求和固定的单位处理量，提高收率必须以增加水耗来补偿。单位处理量越高，用水量越高。在这两种情况下，不能直接解释对应m值的变化趋势，必须使用各个操作参数，根据子步骤的特定功能给出解释。因此，复杂的SSMB过程的设计必须涉及多个目标的优化。

第4章
SSMB在果葡糖浆分离领域的应用及其多目标优化

4.1 果葡糖浆分离情况概述

4.1.1 果葡糖浆发展情况及应用前景

果葡糖浆是近三十年来崛起的新型淀粉糖产品，是以淀粉为原料，经过 α-淀粉酶液化、糖化酶糖化、脱色、过滤、离交精制等工艺后，用葡萄糖异构酶将部分葡萄糖转化成果糖而得到的一种混合糖浆。果葡糖浆（high fructose syrups，HFS）采用玉米淀粉为原料，又称高果玉米糖浆，因为产品的糖分组成主要为果糖和葡萄糖，故称为果葡糖浆。产品标准采用国家标准 GB/T 20882.4—2021，产品主要有 F-42、F-55 和 F-90 三种糖浆工业产品，“F”表示果糖，其后数字表示果糖占干物质的百分比（质量分数）。经异构酶将其中一部分葡萄糖转化成果糖，工业生产在果糖产量达 42%时停止，产品甜度约为蔗糖的 95%，称为第一代果葡糖浆，即 F-42 果葡糖浆产品，其成分组成为果糖 42%(干基，下同)、葡萄糖 53%、低聚糖 5%，浓度为 70%～72%，甜度与蔗糖相当。又以 F-42 果葡糖浆为原料采用色谱分离技术，得到果糖含量 90%以上的糖浆，与适量

F-42 果葡糖浆混合可获得第二代果葡糖浆 F-55 和第三代果葡糖浆 F-90。第二代果葡糖浆也叫高果糖浆，简称 55 糖，其糖分组成为果糖 55%、葡萄糖 40%、低聚糖 5%，浓度为 76%～78%，甜度高于蔗糖，约为蔗糖的 1.1 倍；第三代果葡糖浆也叫高纯度果糖浆，简称 90 糖，其糖分组成为果糖 90%、葡萄糖 7%、低聚糖 3%，浓度为 79%～80%，甜度为蔗糖的 1.4 倍。本书中介绍的用于 SSMB 分离的原料即为 F-42 糖浆。此外，有的国家还生产果糖纯度为 97%以上的结晶果糖，纯果糖的甜度为蔗糖的 1.5～1.7 倍。果葡糖浆甜度高、风味好，具有若干优良性质，已被广泛应用于食品工业，成为重要的甜味料。

目前我国果葡糖浆的年消费量近 30 万吨，以 F-42 型为主，主要在软饮料和食品保健行业。一方面，随着我国淀粉糖工业的进一步发展、果葡糖浆生产技术的改进和更新、进口酶制剂的广泛应用，生产纯葡萄糖的技术日益接近于国际水平，为高果糖浆工业的发展奠定了基础，同时由于大量外资食品企业的进入，高果糖浆的市场需求也发生了变化；另一方面，果汁的兴起也带动了高果糖浆的应用，在我国，F-55 型高果糖浆已被推向市场，F-90 型高纯度果糖浆也将推向市场。

果葡糖浆在取得进步和发展的同时，存在的问题和面临的形势也不容忽视。一是行业产能扩张较快，同质竞争加剧；二是产品原料单一，供应紧张，大部分行业采用玉米或玉米淀粉为原料进行生产；三是产品应用领域开发不足，还具有极大的扩展空间；四是节能减排、清洁生产压力变大，淀粉糖生产企业环保核查工作的启动以及清洁生产标准各项环境标准的制定，使得行业发展面临着加强环保治污和减少资源能源消耗的双重压力和约束，清洁生产、节能减排任务艰巨，这将是行业今后发展所面临的一个重要课题。

2011年开始，果葡糖浆发展进入了一个新的阶段。蔗糖价格大幅度上涨，加之国内食品工业的快速发展，主要含糖食品增长较快，食用糖消费缺口增加，终端用糖企业使用淀粉糖的成本处于优势，使得国内淀粉糖需求增加，特别是以饮料中应用为主的果葡糖浆需求强盛，扩大了对果葡糖浆、果糖产品的需求，为行业发展带来更广阔的发展空间。

4.1.2 果葡糖浆分离方法

在国际糖价居高不下的大背景下，F-55、F-90果糖作为蔗糖的代替品，具有极大的市场前景，目前亟待解决的关键问题是研究出高效且廉价的分离技术和方案。常见的分离方法有：离子交换树脂吸附分离、色谱分离、结晶分离、硼酸盐分离、复盐分离等。本节所要介绍的SSMB方法属于一种色谱分离方法。几种分离方法的介绍如下所述。

① 离子交换树脂吸附分离法是以离子型树脂作为交换剂，与溶液中的离子进行交换，达到分离的目的，属于固-液分离法。其分离原理为：果糖与溶液中的某些离子结合，形成配合物进而被截留下来；然而葡萄糖没有这类性质，故离子树脂可以实现葡萄糖与果糖的分离。该技术的关键步骤在于装柱环节，因此只要将树脂装好柱（填实填匀），然后离子改型，再将果葡糖浆进行过柱，经过洗涤脱附、收集滤液、浓缩滤液等一系列常规工艺，就能收集纯度为75%以上的高果糖浆，但是此方法在纯度方面具有局限性。

② 色谱分离法是目前国际上普遍采用的一种α-果糖分离方法，色谱分离技术的应用使F-55、F-90工业化生产得到迅猛发

展。色谱分离的基本原理：由葡萄糖和果糖的结构可以得出，在强酸性离子交换树脂或钙盐型分子筛上果糖表现出较强的亲合力，而葡萄糖相对较弱，最直观的现象就是，果糖在吸附塔内滞留的时间较长。将低含量的果葡糖浆倒入装有吸附剂的吸附塔后，果糖被吸附剂吸附，但是吸附剂对葡萄糖的影响不是很明显，故表现出分离效果。

③ 结晶分离法主要是指，在果葡糖浆中加入果糖晶种或者葡萄糖晶种，在晶种的作用下快速长出晶体，控制结晶温度，使晶体迅速聚集并沉淀，以此来达到分离目的。日本曾利用结晶分离法分离出纯度为77%的果葡糖浆。

④ 硼酸盐分离法。1971年，日本开始了利用硼酸盐提纯果葡糖浆中果糖的研究，其原理为：果糖和硼酸盐结合形成配合物，破坏了葡萄糖和果糖之间的异构化平衡，反应开始向着生成果糖的方向移动，生成了更多的果糖。即原果葡糖浆中的果糖组分占有更多的比例，最终实现F-55和F-90的转变，但是利用硼酸盐制得的果葡糖浆需要进行后续处理，特别是在食品行业，即除去硼酸盐。

⑤ 复盐分离法主要是将混合液与$CaCl_2$或NaCl反应，结合成复盐的形式；然后加入一定量的乙醇，由于其复盐形式不易溶解在乙醇溶液中，故生成大量的沉淀；之后做离心处理或过滤，收集沉淀，使其溶解在水里；最后利用离子交换树脂过柱，脱色脱附后，浓缩得到纯度较高的果葡糖浆成品。

⑥ 与传统的间歇吸附/解吸工艺相比，模拟移动床技术具有连续运行、低选择性下完全分离、减少溶剂消耗等优点。典型的SMB系统由许多串联的色谱柱组成，并由两个入口（进料液、洗脱液）和两个出口（萃余液和萃取液）端口分为四个区域。通过沿流动相流动方向周期性地切换这些端口来实现固定相和流动

相相对于端口的相对逆流运动。四个区域中的每一个都在吸附分离过程中发挥特定的功能作用。

综上所述，目前急需开发出一种分离效率高、能够进行连续性大规模生产、过程清洁、工艺简单的果葡糖浆分离技术，而本书所介绍的 SSMB 无疑是一种极具应用前景的选择。因此，在下面的内容中将会介绍 SMB 和 SSMB 分离果葡糖浆的具体应用及结果对比。

4.2 理论模型

4.2.1 模型描述

采用传统的平衡扩散（equilibrium dispersive，ED）模型和线性吸附等温线模型来描述果糖-葡萄糖分离过程的组分质量平衡和吸附行为。模型可以写成如下形式：

$$\frac{\partial c_{i,j}}{\partial t}+\varphi\frac{\partial q_{i,j}}{\partial t}+u_j\frac{\partial c_{i,j}}{\partial z}-D_{\mathrm{ap},i}\frac{\partial^2 c_{i,j}}{\partial z^2}=0 \tag{4-1}$$

$$q_i^*=H_i c_i \tag{4-2}$$

式中，c 和 q 分别是流动相和固定相中的各组分浓度；j 是色谱柱的序号；t 是时间；φ 是相率，定义为 $\varphi=(1-\varepsilon)/\varepsilon$，$\varepsilon$ 是色谱柱空隙率；u 是间隙流动相速度，定义为 $u=q(\varepsilon/\pi r^2)$；z 是轴向坐标；D_{ap}是表观扩散系数；H 是亨利常数；下标 i 代表不同的组分，“glu”代表葡萄糖，“fru”代表果糖。

4.2.2 数值方案

ED 模型同样可以通过 Martin-Synge 方法沿轴向方向离

散化，该方法可以消除方程式中的二阶导数（$\partial/\partial z^2$ 项）。式(4-1)变为：

$$\frac{\mathrm{d}c_{i,j}^{M}}{\mathrm{d}t}+\varphi\frac{\mathrm{d}q_{i,j}^{M}}{\mathrm{d}t}+u_{j}\frac{c_{i,j}^{M}-c_{i,j}^{M-1}}{\Delta z}=O(\Delta z^{2}) \tag{4-3}$$

$$\Delta z=\frac{L}{N_{L}} \tag{4-4}$$

式中，M 表示节点，$M=0$ 表示入口，$M=N_L$ 表示出口。由于方程式(4-1) 中的原始二阶导数项被消除，只保留了入口边界条件，可以用四区 SMB 单元的节点平衡来进行描述。

$$c_{i,j}^{0}=\begin{cases}c_{i,\mathrm{jpre}}^{N_L} & u_{j}\leqslant u_{\mathrm{jpre}}\\ \dfrac{u_{\mathrm{jpre}}c_{i,\mathrm{jpre}}^{N_L}+(u_{j}-u_{\mathrm{jpre}})c_{i,j}^{\mathrm{ext}}}{u_{j}} & u_{j}>u_{\mathrm{jpre}}\end{cases} \tag{4-5}$$

式中，上标 ext 表示进入系统的外部流股，具体而言，分别是柱Ⅰ和柱Ⅳ的洗脱液和进料液；下标 jpre 是相邻的上游色谱柱。

$$\mathrm{jpre}=\begin{cases}4 & j=\mathrm{I}\\ j-1 & j=\mathrm{II}、\mathrm{III}、\mathrm{IV}\end{cases} \tag{4-6}$$

SMB 和 SSMB 性能在循环稳定状态下进行评估。需要将循环条件应用于离散方程。

$$c_{i,j}^{k}(t)=c_{i,j}^{k}(t+t_{\mathrm{s}}) \tag{4-7}$$

式中，t_{s} 是切换时间；j 和 k 的取值范围分别为Ⅰ～Ⅳ和 $1\sim N_L$。由于循环条件方程的数值求解困难，故将模型转换为初始值问题，然后使用 DIVPAG 计算包进行积分。以下初始条件用于替换方程式(4-5)～式(4-7)。

$$c_{i,j}^{k}(t=0)=0 \tag{4-8}$$

在这项工作中发现，循环稳态基本上可以在不到 10 个循环内实现。但需使用下面定义的两个组分的最少 15 个循环（60 次切换，180 个子步骤）和相对质量平衡误差来确保本工作涉及的 SMB 和 SSMB 模拟期间的稳定状态。

$$\frac{\int_0^{t_s}(Q_E c_{i,\mathrm{I}}^N + Q_R c_{i,\mathrm{III}}^N)\mathrm{d}t}{\int_0^{t_s} Q_F c_{i,F}\mathrm{d}t} \times 100\% \leqslant 0.5\% \qquad (4\text{-}9)$$

式中，下标 E、F、R 分别代表萃取液、进料液、萃余液。

4.2.3 模型参数

表 4-1 总结了采用 ED 模型模拟 4 柱 SMB 和 SSMB 单元的相关模型参数。虽然目前的工作基本上是理论上的，但模型参数是通过实验获得的，需要选择合适的固定相填充制备柱，保证固定相可以选择性地吸附果糖而不是葡萄糖，在此基础之上使用前沿分析法和脉冲实验法进行参数的测定。工业果葡糖浆产品有三个标准等级，分别含有 42%、55% 和 90% 的果糖。进料组成及浓度对应 F-42 果葡糖浆而配制。亨利常数在 60℃ 下测量，略低于通常在 65～75℃ 范围内的工业操作温度。这是由于实验室规模和仪器耐受性的限制，不会对本工作得出的结论产生定性影响。

表 4-1 SMB 和 SSMB 单元的相关模型参数

柱参数	柱配置	1/1/1/1
	D	2.5cm
	L	100cm
	ε	0.341
	Q_{max}	20mL/min
吸附等温线参数（T=60℃）	H_{fru}	0.538
	H_{glu}	0.320

续表

进料组成	$c_{fru,f}$	325g/L
	$c_{glu,f}$	448g/L

需要强调的是，表4-1中ED模型和吸附等温线参数在4柱SSMB分离实验中进行了验证，证明测量结果可靠，实验的更多细节将在下文说明。

4.3 分离果葡糖浆的实际应用

4.3.1 果葡糖浆的分离方案

SMB用于果糖-葡萄糖分离的理论研究已被广泛报道。Beste等、Azevedo等和Subramani等，分别进行了多项SMB模拟和优化工作。在优化结果的指导下，成功地提高了纯度、收率、处理量等方面的分离性能。Subramani等对改型之后的Varicol流程进行了优化，将一次切换分为几个子步骤，与传统的四区SMB不同，在不同区域之间具有不同的色谱柱分布，并将计算结果与传统SMB过程的结果进行了比较。然而，溶剂消耗作为工业果糖-葡萄糖分离中的一个主要问题，在这些工作中并未将其作为优化目标。Tangpromphan等报道了一种三区SMB工艺，该工艺可用于根据端口的重新定位程序减少溶剂消耗。但是在这项工作中没有提出系统性的优化结果。Azevedo等、Borgesda Silva等和Zhang等研究了通过葡萄糖异构化生产高浓度果糖浆的SMB反应器工艺。其中，原位吸附分离用于将可逆异构化的转化率提高到超出热力学极限的水平。

另外一种减少溶剂消耗的有效方法是顺序式模拟移动床，这是一种改进的 SMB 技术。如前文所述，SSMB 中的一次切换分为三个子步骤，每一步具有不同的流型模式。第一步，流动相在整个系统中循环，形成闭环；第二步，将区域Ⅳ隔离，并在洗脱液端口引入外部洗脱液，以将吸附较少的物质冲洗到萃余液端口；第三步，区域Ⅱ也被隔离，并引入另一个进料流，以便分别在萃取液和萃余液端口同时收集到优先吸附和较少吸附的组分。

虽然 SSMB 已成功应用于果糖-葡萄糖工业分离领域，但目前文献中尚未报道相关的理论研究。为了给工业设计和实际操作提供有效的理论指导，对果糖-葡萄糖分离的 SSMB 工艺和传统 SMB 工艺进行全面比较是有意义的，且这种比较应该在单独的多目标优化的条件下进行。

一种广泛使用的 SMB 优化方法是三角形理论，主要使用线性或非线性吸附等温线在四个区域中确定流量比，通常称为 m 值，接着以 m 值来划分完全分离区域，提供最佳操作条件。然而，三角形理论主要关注在给定纯度要求下，单位处理量的最大化，其在减少溶剂消耗方面的应用尚未得到验证。此外，根据前文对于低聚木糖分离纯化的研究，由于 SSMB 的结构、流型多变性，操作参数对最佳处理量、纯度和溶剂消耗的影响无法再用平均 m 值进行定性的解释。此外，三角形理论是在无限柱效假设的基础上提出的，而制糖工业中的填料性质通常不能满足这一假设。操作参数通常会对分离目标产生互相冲突的影响，例如纯度、收率、生产率和溶剂消耗，这些分离目标不可能同时达到最优值，其中存在一个互相的协调和制衡。因此，针对此分离过程的数值模拟和多目标优化是非常必要的。文献中尚未报道关于 SSMB 过程的多目标优化。

本节的工作旨在介绍基于多目标优化结果的 SSMB 工艺和传统 SMB 工艺在果糖-葡萄糖分离领域的相关应用。为此，对两种工艺都进行了多目标优化，其具有对应于不同工艺要求的各种目标函数。重点研究了溶剂的消耗这一案例。

4.3.2 分离方法与过程模拟

分别对蓝葡聚糖、配制好的果葡糖浆原料液、果糖、葡萄糖进行单柱脉冲实验，评价离子形态对吸附选择性和柱效率的影响。将进样浓度、进样量、进样流量分别控制在 25g/L、5mL 和 5mL/min。

采用前沿分析法确定各组分的吸附等温线（目前最为准确的测量方法）。流量设置在 5mL/min。在固定的时间间隔采集洗脱样品，采用高效液相色谱法分析样品中的果糖、葡萄糖、杂质含量，同时测定其浓度，从而计算固定相中的最大吸附量，以此来拟合吸附等温线参数。脉冲实验也用于确定动力学参数。进样浓度、进样量、流量分别控制在 100g/L、5mL 和 4～12mL/min。这些流量的设定和控制通过相应泵的操作程序来实现。每次实验前，整个系统用水清洗 1h，同时用恒温水浴确定所需的柱温。

使用配置有 4 根制备色谱柱（1m×2.5cm I. D.）的 SSMB 装置进行分离实验。首先依据三角形理论，利用测得的基础性参数（体系中各组分的吸附等温线参数）来计算完全分离区域。在完全分离区域内选择 3～5 个操作点完成相应的 SSMB 实验。实验经过 15 次循环后达到稳定，在萃余口和萃取口分别收集葡萄糖和果糖，分析分离过程的纯度、收率、单位处理量、水耗比。将实验结果与模拟结果相比较，验证前期参数测定和模型建立的准确性。

4.4 分离果葡糖浆的多目标优化

4.4.1 多目标优化变量及目标描述

如前文所述，传统的闭环 SMB 工艺有 5 个独立的操作变量，即切换时间（t_s）和 4 个区域中的流量（$Q_{\mathrm{I}} \sim Q_{\mathrm{IV}}$），或者等效地，可以用各个入口流量和出流量来表示：

$$\begin{cases} Q_{\mathrm{D}} = Q_{\mathrm{I}} - Q_{\mathrm{IV}} \\ Q_{\mathrm{E}} = Q_{\mathrm{I}} - Q_{\mathrm{II}} \\ Q_{\mathrm{F}} = Q_{\mathrm{III}} - Q_{\mathrm{II}} \\ Q_{\mathrm{R}} = Q_{\mathrm{III}} - Q_{\mathrm{IV}} \end{cases} \tag{4-10}$$

通常，“比例因子”是根据控制系统和泵的操作上限来规定的。在整个操作中，SMB 区域Ⅰ的流量固定在最大值 20mL/min，对应于最大柱压。因此，经过调整后的独立变量的数量减少到 4 个。它们由以下无量纲流量比来描述。

$$m_j = \frac{\int_0^{t_s} Q_j \, \mathrm{d}t - V\varepsilon}{V(1-\varepsilon)} \tag{4-11}$$

式中，V 是柱体积。SMB 工艺的性能通过葡萄糖的纯度（purity，Pur）和收率（recovery，Rec）、单位处理量（unit throughput，UT）和水耗比（water consumption ratio，WCR）进行评估。它们具体定义为以下的无量纲形式。

$$Pur_{\text{glu}}=\frac{\int_0^{t_s} c_{\text{glu,R}}\,\mathrm{d}t}{\int_0^{t_s}(c_{\text{glu,R}}+c_{\text{fru,R}})\,\mathrm{d}t}\times 100\% \tag{4-12}$$

$$Pur_{\text{fru}}=\frac{\int_0^{t_s} c_{\text{fru,E}}\,\mathrm{d}t}{\int_0^{t_s}(c_{\text{glu,E}}+c_{\text{fru,E}})\,\mathrm{d}t}\times 100\% \tag{4-13}$$

$$Rec_{\text{glu}}=\frac{Q_{\text{R}}\int_0^{t_s} c_{\text{glu,R}}\,\mathrm{d}t}{c_{\text{glu,F}}Q_{\text{F}}t_{\text{s}}}\times 100\% \tag{4-14}$$

$$Rec_{\text{fru}}=\frac{Q_{\text{E}}\int_0^{t_s} c_{\text{fru,E}}\,\mathrm{d}t}{c_{\text{fru,F}}Q_{\text{F}}t_{\text{s}}}\times 100\% \tag{4-15}$$

$$UT=Q_{\text{F}} \tag{4-16}$$

$$WCR=\frac{Q_{\text{D}}}{Q_{\text{F}}} \tag{4-17}$$

其中有所区别的是，式(4-17) 将 WCR 定义为体积流量比，而工业上通常使用质量流量比来进行计算。这是因为进料溶液在工业实际过程中是高度浓缩的，其密度通常大于 1.2g/mL，而且会随着操作温度的升高而迅速增加。但是在实验室条件下不存在此类问题，故做此简化。

4.4.2 SSMB 流程

与 SMB 不同的是，SSMB 工艺更为复杂，具有 7 个独立的操作变量：3个持续时间（t_1、t_2、t_3）和4个流速（Q_L、$Q_{E,阶段2}$、$Q_{E,阶段3}$和Q_F）。为了简化工作，假设Q_L和$Q_{E,阶段2}$的值都固定为最大流量（Q_{max}）。然后将独立变量的数量减少到5个，即用4个m值和一个额外的α（比例因子）来进行描述。在SSMB模拟期间，这些无量纲变量使用以下等式转换为表4-2中汇总的量纲变量。

$$Q_{E,阶段3}=\alpha Q_{max} \tag{4-18}$$

$$t_1=\frac{m_{Ⅳ}V(1-\varepsilon)+V\varepsilon}{Q_{max}} \tag{4-19}$$

$$t_2=\frac{m_{Ⅱ}V(1-\varepsilon)+V\varepsilon}{Q_{max}}-t_1 \tag{4-20}$$

$$t_3=\frac{m_{Ⅰ}V(1-\varepsilon)+V\varepsilon-(t_1+t_2)Q_{max}}{\alpha Q_{max}} \tag{4-21}$$

$$Q_F=\frac{m_{Ⅲ}V(1-\varepsilon)+V\varepsilon-(t_1+t_2)Q_{max}}{t_3} \tag{4-22}$$

表4-2 SSMB过程的操作量纲变量

子步骤	时间	$Q_{Ⅰ}$	$Q_{Ⅱ}$	$Q_{Ⅲ}$	$Q_{Ⅳ}$
1	t_1	Q_{max}	Q_{max}	Q_{max}	Q_{max}
2	t_2	Q_{max}	Q_{max}	Q_{max}	0
3	t_3	αQ_{max}	0	Q_F	0

由于SSMB的一次切换分为具有不同流动模式的三个子步骤，因此其性能参数（即分离目标）UT、Pur、Rec和WCR是整个切换内的平均值。

$$Pur_{glu}=\frac{\int_0^{t_s}c_{glu,R}Q_R\mathrm{d}t}{\int_0^{t_s}(c_{glu,R}+c_{fru,R})Q_R\mathrm{d}t}\times 100\% \tag{4-23}$$

$$Pur_{fru}=\frac{\int_0^{t_s} c_{fru,E}Q_E\mathrm{d}t}{\int_0^{t_s}(c_{glu,E}+c_{fru,E})Q_E\mathrm{d}t}\times 100\% \tag{4-24}$$

$$Rec_{glu}=\frac{\int_0^{t_s} c_{glu,R}Q_R\mathrm{d}t}{c_{glu,F}Q_F t_s}\times 100\% \tag{4-25}$$

$$Rec_{fru}=\frac{\int_0^{t_s} c_{fru,E}Q_E\mathrm{d}t}{c_{fru,F}Q_F t_s}\times 100\% \tag{4-26}$$

$$UT=\frac{Q_F t_3}{t_s} \tag{4-27}$$

$$WCR=\frac{Q_{max}t_2+\alpha Q_{max}t_3}{Q_F t_3}$$

$$t_s=t_1+t_2+t_3 \tag{4-28}$$

下面定义的质量流量（*MF*）和平均质量流量（*AMF*，g/min）在优化工作中需要进行重点讨论，用于详细分析 SSMB 过程运行机理。在下文中，将具体介绍两种组分在萃余液端口处的质量流量值。

$$MF_i=c_{i,R}Q_R \tag{4-29}$$

$$AMF_i=\int_0^1 MF_i\mathrm{d}(t/t_s) \tag{4-30}$$

4.4.3 优化问题

在本节中，同时针对 SMB 和 SSMB 分离果葡糖浆的过程进行了多目标优化。由于运行参数对不同目标的影响是相互冲突的，因此通常可以得到目标函数空间中的帕累托解。帕累托集被定义为当从一个点移动到另一个点时，至少有一个目标函数变好，而另一个目标函数变差。由于这组目标中没有任何点优于所有目标中的任何其他点，因此这些解决方案被认为同样好，可为决策者提供有价值的指导来选择和筛选所需的操作条件。本节同样使用非支配排序遗传算法（NSGA-Ⅱ）来进行全局搜索和筛选最优解，解决多目标优化问题。

在本节中，总共考虑了五组具有不同目标函数的优化问题。此外，对纯度和收率具有不同的限制条件。表 4-3 总结了优化问题的详细配置：优化目标、SMB 和 SSMB 中各操作变量的上限和下限，以及限制条件。NSGA-Ⅱ的关键参数种群数和代数都设置为 100。最后一代时认为系统已经趋于稳定，用此结果进行下述讨论，其中一些明显的离线点手动删除。

表 4-3　优化问题详细配置

案例	优化目标	限制条件	SMB 变量范围	SSMB 变量范围
1	最大化 Pur_{glu}； 最大化 UT	$Pur_{glu}>90\%$； $Pur_{fru}>90\%$	$0.4<m_{Ⅰ}<1.2$； $0.1<m_{Ⅱ}<0.5$； $0.3<m_{Ⅲ}<0.8$； $0<m_{Ⅳ}<0.5$	$0.4<m_{Ⅰ}<1.2$； $0.1<m_{Ⅱ}<0.5$； $0.3<m_{Ⅲ}<0.8$； $0<m_{Ⅳ}<0.5$； $0<\alpha<0.8$
2	最大化 Pur_{glu}； 最小化 WCR	$Rec_{glu}>80\%$； $Rec_{fru}>80\%$	$0.4<m_{Ⅰ}<1.2$； $0.1<m_{Ⅱ}<0.5$； $0.3<m_{Ⅲ}<0.8$； $0<m_{Ⅳ}<0.5$	$0.4<m_{Ⅰ}<1.2$； $0.1<m_{Ⅱ}<0.5$； $0.3<m_{Ⅲ}<0.8$； $0<m_{Ⅳ}<0.5$； $0<\alpha<0.8$
3	最大化 Pur_{glu}； 最小化 WCR； 固定 $UT=3$	$Rec_{glu}>80\%$； $Rec_{fru}>80\%$	$0.4<m_{Ⅰ}<1.2$； $0.1<m_{Ⅱ}<0.5$； $0<m_{Ⅳ}<0.5$	$0.4<m_{Ⅰ}<1.2$； $0.1<m_{Ⅱ}<0.5$； $0<m_{Ⅳ}<0.5$； $0<\alpha<0.8$
4	最大化 Rec_{glu}； 最小化 WCR	$Pur_{glu}>90\%$； $Pur_{fru}>90\%$	$0.4<m_{Ⅰ}<1.2$； $0.1<m_{Ⅱ}<0.5$； $0.3<m_{Ⅲ}<0.8$； $0<m_{Ⅳ}<0.5$	$0.4<m_{Ⅰ}<1.2$； $0.1<m_{Ⅱ}<0.5$； $0.3<m_{Ⅲ}<0.8$； $0<m_{Ⅳ}<0.5$； $0<\alpha<0.8$
5	最大化 Rec_{glu}； 最小化 WCR； 固定 $UT=3$	$Pur_{glu}>90\%$； $Pur_{fru}>90\%$	$0.4<m_{Ⅰ}<1.2$； $0.1<m_{Ⅱ}<0.5$； $0<m_{Ⅳ}<0.5$	$0.4<m_{Ⅰ}<1.2$； $0.1<m_{Ⅱ}<0.5$； $0<m_{Ⅳ}<0.5$； $0<\alpha<0.8$

4.4.3.1 案例 1：以葡萄糖纯度和单位处理量最大化为优化目标

在本案例中，把同时最大化 SMB 和 SSMB 过程的葡萄糖纯度和单位处理量作为优化目标。此外，将限制条件设置为 $Pur_{\text{glu}}>90\%$、$Pur_{\text{fru}}>90\%$，以限制最佳变量的搜索范围。纯度大于 90%是基于工业实际应用的要求，此外，这种情况下得到的各组分收率也较高。

图 4-1 的结果表明，通过操作条件的调控和设置可以成功地实现 90%以上的葡萄糖纯度，满足最低商业化要求。同时，对于 SMB 和 SSMB 这两个分离过程，最大单位处理量会随着葡萄糖纯度的增加而降低。SMB 的帕累托曲线普遍高于 SSMB，即对于相同的葡萄糖纯度，前者的单位处理量更高。

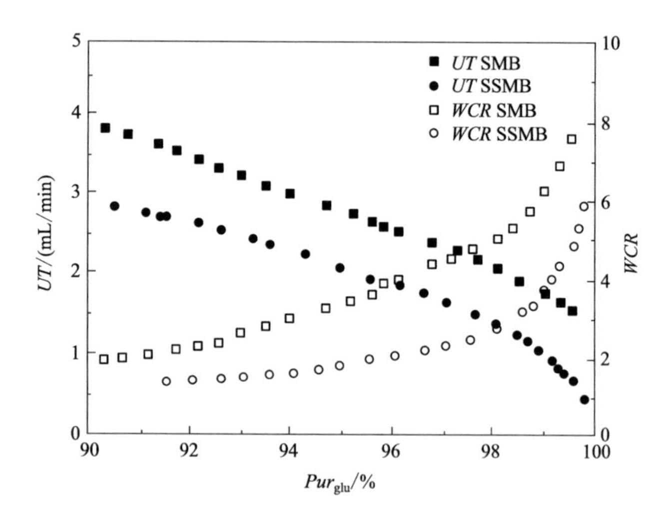

图 4-1　案例 1 中的 SMB 与 SSMB 过程的帕累托解集

图 4-2(a) 和 (b) 分别针对 SMB 和 SSMB 绘制了对应于帕累托解的最佳 m 值与单位处理量 UT 之间的关系。与表 4-3

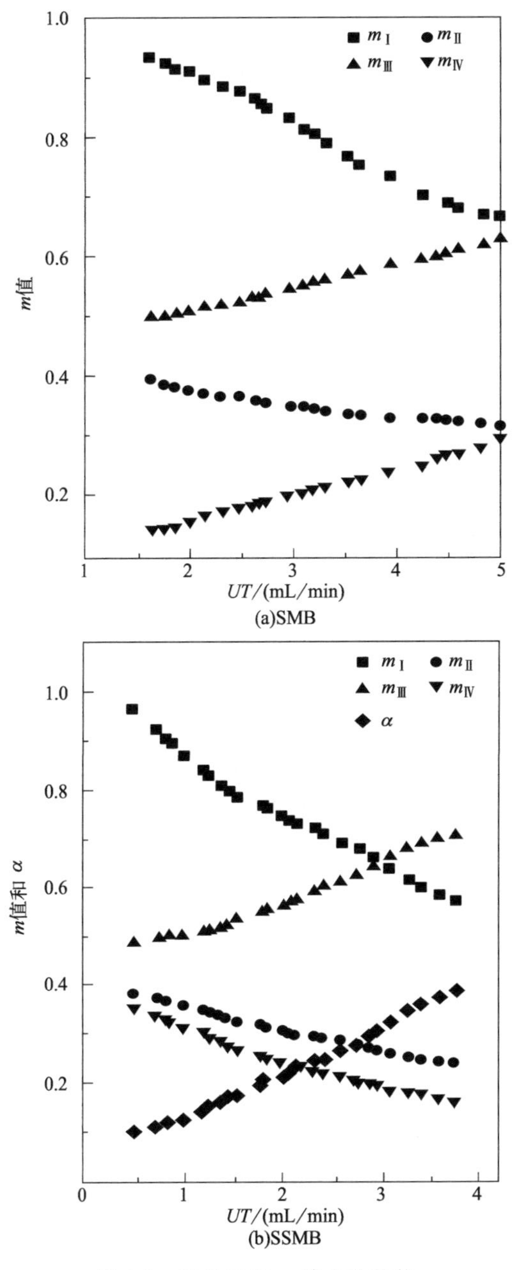

图 4-2 优化后的 m 值变化趋势

中设定的范围相比，获得的最佳操作条件都很好地限制在预设的参数界限内。一方面，在研究范围内，SMB 的 m_{I} 值始终高于 m_{III}，这验证了关于Ⅰ区最大流量的假设；另一方面，在高 UT（低纯度）范围内，SSMB 的 m_{III} 值大于 m_{I}，这可能因为在子步骤 3 期间，Q_{III}（$=Q_{\mathrm{F}}$）高于 Q_{I}（$=\alpha Q_{\max}$）。由于有 m_{III} 大于 m_{I} 这种情况的存在，故有必要在子步骤 3 期间分别优化两个流量比。

对于 SMB 过程，假设Ⅰ区为最大流量 $Q_{\max}$，给出：

$$UT=\frac{Q_{\max}(m_{\mathrm{III}}-m_{\mathrm{II}})}{m_{\mathrm{I}}+\varphi} \tag{4-31}$$

图 4-2(a) 表明 SMB 单元的 UT 增加归因于 m_{III} 增加、m_{II} 减小和 m_{I} 减小的综合影响。此外，随着 m_{III} 的增加，重组分果糖可能无法充分保留在区域Ⅲ中并有一部分进入萃余液端口，从而降低了葡萄糖纯度。此外，m_{I} 的减小还可能导致Ⅰ区果糖洗脱的不充分，部分保留在柱内的果糖在两次切换后会进入Ⅲ区，并被冲洗到萃余液口。根据图 4-2(a)，m_{IV} 的增加有利于 UT 的提高。同时，增加的 m_{IV} 部分阻止了果糖进入萃余液流，因此也有利于葡萄糖纯度的提高。然而，在Ⅳ区未充分保留的部分葡萄糖可能会进入Ⅰ区并被冲洗到萃取液端口，从而降低果糖的纯度。计算结果表明，虽然所有帕累托解都满足果糖纯度为 90% 的约束，但随着 UT 从 2mL/min 增加到 3mL/min，果糖纯度相应降低，从 94.5%下降到 91.2%。由于该二元系统的物质平衡，萃余液中葡萄糖的收率也相应地从 92.7%降低到 89.2%。以收率为优化目标的案例将在 4.4.3.4 节中讨论。

SSMB 过程中的 m 值变化趋势与 SMB 相似，但 m_{IV} 值随着 UT 的增加而减小。在前文的介绍中分析了 SSMB 的最佳 m 值趋势可能与 SMB 的趋势相反，与本案例中 SSMB 的帕累托解相对应的操作参数变化趋势如图 4-3 所示。可以看出，m_{IV} 的减小主

要归因于 t_1 的减小，t_1 是具有内部循环的第 1 步的持续时间，这可以从式(4-19) 中进行分析计算。

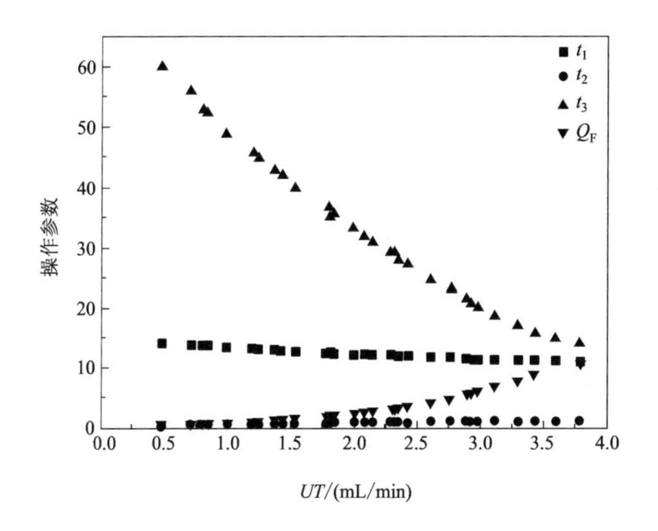

图 4-3 案例 1 中 SSMB 的帕累托解相对应的操作参数变化趋势

为了说明 SMB 在同时优化 UT 和 Pur_{glu} 方面的优越性，首先从图 4-1 中 SMB 的帕累托曲线（$UT = 2.66$mL/min，$Pur_{glu}=95.5\%$）中选择一个最佳操作点。将相应的流量比 m 值和 $\alpha=1$ 用于 SSMB 的模拟中。三次模拟结果如表 4-4 所列，当 SSMB 与 SMB 具有相同的 m 值和 α 值时，其也具有与 SMB 相同的 UT 值，但是 SSMB 的葡萄糖纯度显著下降到 89.1%。此外，对于相同的 m 值，减小 α 会导致 UT 减小，这归因于 t_s 的增加。然而，葡萄糖纯度在 88.5%～90.4%的范围内表现出明显的随机波动，但是始终低于 SMB 过程的纯度值（95.5%），见表 4-5。这些结果表明，使用 SMB 优化后的操作条件运行 SSMB 装置，可能会导致产品纯度的降低。因此，有必要在 SSMB 流程的设计过程中进行独立优化。

表 4-4　三次模拟的结果

序号	分离模式	变量					分离目标		AMF/(g/min)	
		$m_{Ⅰ}$	$m_{Ⅱ}$	$m_{Ⅲ}$	$m_{Ⅳ}$	α	UT /(mL/min)	Pur_{glu} /%	glu	fru
1	SMB	0.856	0.358	0.541	0.193	—	2.66	95.5	1129	53.2
2	SSMB	0.856	0.358	0.541	0.193	1	2.66	89.1	1140	138.6
3	SSMB	0.714	0.290	0.605	0.222	0.25	2.00	95.5	763	35.9

表 4-5　不同 α 值时 SSMB 过程的模拟结果

($m_{Ⅰ}=0.856$，$m_{Ⅱ}=0.358$，$m_{Ⅲ}=0.541$，$m_{Ⅳ}=0.193$)

α 值	t_1 /min	t_2 /min	t_3 /min	t_s /min	Q_F /(mL/min)	UT /(mL/min)	Pur_{glu} /%
$\alpha=1$	11.54	2.68	8.09	22.31	7.35	2.66	89.17
$\alpha=0.9$	11.54	2.68	8.99	23.21	6.62	2.56	90
$\alpha=0.8$	11.54	2.68	10.11	24.33	5.88	2.44	88.9
$\alpha=0.7$	11.54	2.68	11.56	25.78	5.14	2.3	89.1
$\alpha=0.6$	11.54	2.68	13.48	27.7	4.41	2.14	88.5
$\alpha=0.5$	11.54	2.68	16.18	30.4	3.67	1.95	90.23
$\alpha=0.4$	11.54	2.68	20.22	34.44	2.94	1.73	90.4
$\alpha=0.3$	11.54	2.68	26.97	41.19	2.2	1.44	89.01

图 4-4 绘制了具有相同 m 值的 SMB 和 SSMB 的上述两次模拟的 MF 曲线。可以看出，在整个切换的最后 80%期间，葡萄糖不断被冲出并在萃余液口收集。在 SSMB 具有相同 m 值的情况下，仅在子步骤 2 和 3 中收集葡萄糖，仅占切换时间的一半左右。AMF 值如表 4-4 所列。因此，与 SMB 相比，SSMB 具有相似的 AMF_{glu}但更高的 AMF_{fru}值，这解释了纯度降低的原因。

表 4-4 和图 4-4 中还提供了纯度为 95.5%时优化 SSMB 工艺的模拟结果，以供进一步比较。在模拟 2 的结果中，针对 SMB

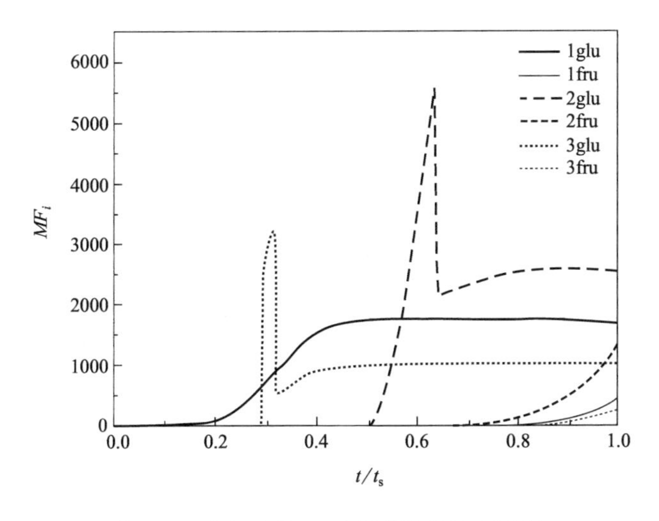

图 4-4　对应于表 4-4 中模拟结果的 *MF* 图

优化后的 m 值，对 SSMB 过程进行模拟，可以看出 SSMB 具有更短的 t_1，并且在整个切换的相对较长的部分（约 70%）期间收集葡萄糖，但仍低于 SMB。而且，萃余液口处的葡萄糖浓度显著降低。与 SMB 相比，相同纯度下优化的 SSMB 两种组分的 *AMF* 值降低了约 33%，对应于降低的 *UT* 值。

图 4-5 和图 4-6 显示了表 4-4 中模拟结果 1 和 3 的内部浓度曲线。一方面，从图 4-5(a) 可以看出，SMB 分离过程中的葡萄糖分布从Ⅱ区扩展到Ⅳ区；另一方面，对于相同优化纯度的 SSMB 过程，葡萄糖主要集中在Ⅰ区～Ⅲ区［图 4-5(b)］。此外，在最后两个子步骤中，葡萄糖位于Ⅲ区和Ⅱ区的一小部分，几乎没有向下游延伸，因为Ⅱ区和Ⅳ区是孤立的。图 4-6 中的比较表明，SSMB 的果糖分布与 SMB 的分布相近。在第一个子步骤结束时，果糖的前端位于Ⅲ区的入口处，尾部位于Ⅰ区的中间。在最后两个子步骤中，浓度分布在外部流股的作用下向下游驱动，这与图 4-5 中葡萄糖的浓度分布是不同的。

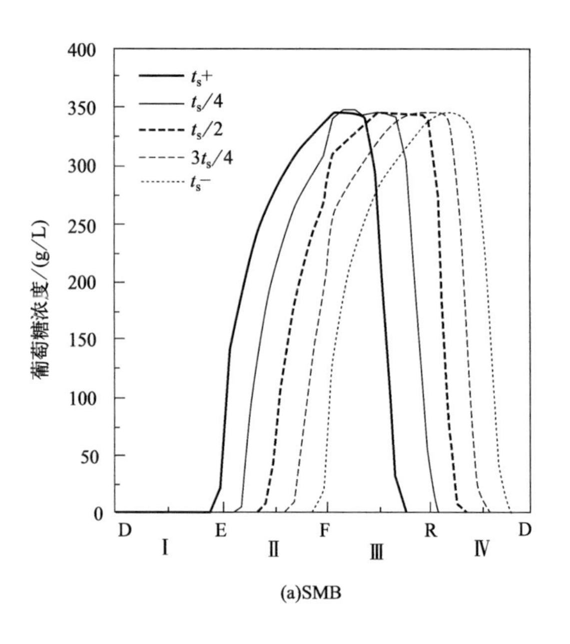

(a)SMB

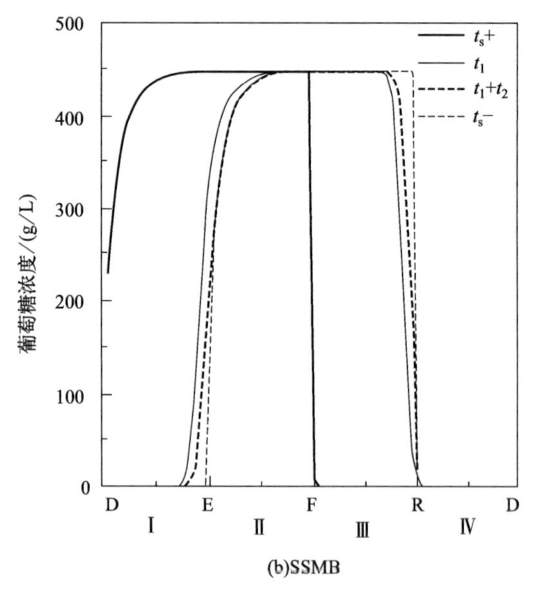

(b)SSMB

图 4-5　葡萄糖在纯度为 95.5％时 SMB 和 SSMB 的内部浓度曲线

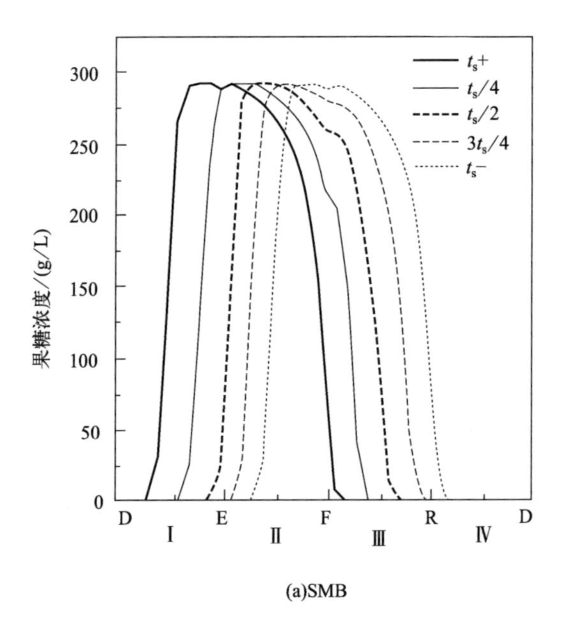

(a)SMB

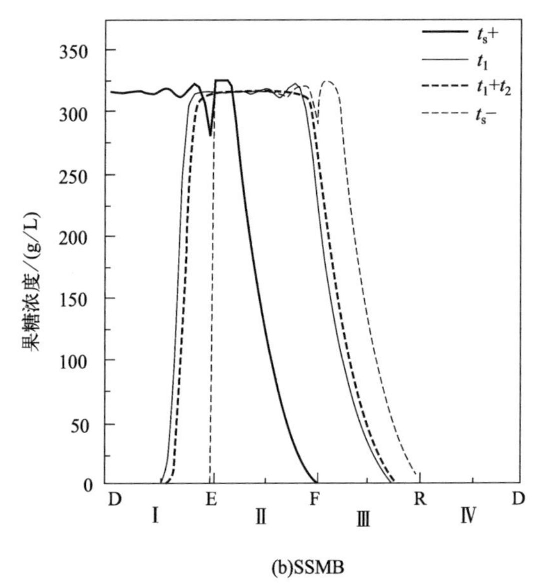

(b)SSMB

图 4-6　果糖在纯度为 95.5%时 SMB 和 SSMB 的内部浓度曲线

由于轻组分葡萄糖在 SSMB 的最后两个子步骤中分布在相对狭窄的范围内，因此被隔离的Ⅳ区和Ⅱ区中的固定相没有像优化的 SMB 系统那样得到很好的利用。具体而言，在 SSMB 的整个切换过程中，Ⅳ区基本上不存在葡萄糖。在 SMB 中，一小部分葡萄糖在Ⅳ区被保留，并在切换之后流动至Ⅲ区。此外，流动相将 SMB Ⅱ区中的葡萄糖输送到进料口，部分归因于葡萄糖的富集和保留。这些功能在 SSMB 中并没有完全体现。由于在隔离区Ⅱ区和Ⅳ区中固定相的效用相对较低，故 SSMB 在最佳 UT 和 Pur_{glu} 方面的性能和优化结果比 SMB 差。

从图 4-5（b）和图 4-6（b）中还可以看出，在规范运行的 SSMB 系统中，第一个子步骤对浓度分布的影响最大，该子步骤中，洗脱液在内部回路循环流动，驱动各组分的重新分配，不引入任何外部流股。因此，与使用恒定外部洗脱液和进料液驱动流动相的 SMB 过程相比，SSMB 具有较高的流动相利用率。如图 4-1 中空心点的比较所示，SSMB 可用于有效地减少溶剂消耗，在下文中将重点介绍。

4.4.3.2 案例 2: 以葡萄糖纯度最大化及溶剂消耗最小化为优化目标

在工业界，降低溶剂消耗是葡萄糖-果糖分离最重要的目标之一。所以在接下来的讨论中，将水耗比（*WCR*）设定为优化目标之一。在本节中，首先研究了同时最大化 Pur_{glu} 和最小化 *WCR* 的目标。约束条件为两种组分的收率大于 80%。

如图 4-7 所示，SMB 和 SSMB 工艺中，*WCR* 总是随着纯度标准的增加而增加。SSMB 的最优解曲线在 SMB 曲线的右侧，代表在此优化问题中 SSMB 具有优势，相同水耗比的情况下，SSMB 总是可以实现更高的产品纯度。从图中还可以看出，SSMB 中水耗的降低需要以牺牲单位处理量为代价。

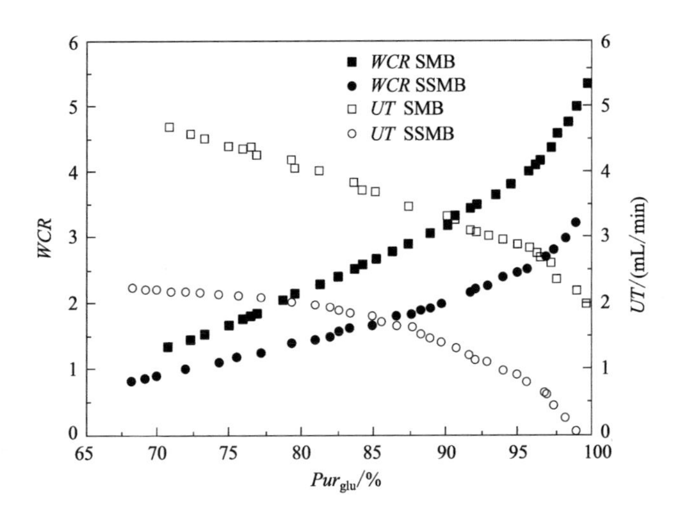

图 4-7 案例 2 中的 SMB 与 SSMB 过程的帕累托解集

从帕累托优化曲线中选择四个特征点（a、b、c、d）来进行介绍。前两个点（a、b）用于分析具有相同水耗比（$WCR=1.4$）的 SMB 和 SSMB 过程，后两个点（c、d）用于分析具有相同葡萄糖纯度（$Pur_{glu}=90\%$）的 SMB 和 SSMB 过程。变量取值、分离目标和 AMF 值总结在表 4-6 中。WCR 为 1.4 是 SMB 在满足预设的约束条件下可以达到的最小值。从图 4-8 中的 MF 图计算出的 AMF 值也汇总在表 4-6 中。如图 4-8(a) 所示，在 SMB 的最佳操作条件下，葡萄糖的 MF 值基本恒定，表明区域Ⅲ的葡萄糖几乎处于饱和状态；果糖在大约切换的一半处开始突破，并且在切换结束前很长时间在Ⅲ区达到饱和。因此，大部分果糖进入萃余液流，将葡萄糖纯度限制在 72%。在 $WCR=1.44$ 的情况下，优化后的 SSMB 的葡萄糖 AMF 值比 SMB 低约 52%。果糖的 AMF 进一步降低了约 71%。总体而言，在此 WCR 值下的 SSMB 过程的最大葡萄糖纯度增加到 81%。如图 4-8(c) 所示，在 Pur_{glu} 为 90%时，优化后的 SMB 的 MF 图表现出与图 4-4 中相似的趋势。在此相同纯度下，SSMB 的 *AMF* 值仅为 SMB 的 40%，表明单位处理量较低，与 4.3.3.1 节中获得的结果相似。但是，SSMB 的 *WCR* 值有了显著降低，从 3.2 降至 2.0。

表 4-6　Pur_{glu}最大值和 *WCR* 最小解帕累托曲线的代表点

点序号	操作模式	变量					分离目标		*AMF*/(g/min)	
		$m_{Ⅰ}$	$m_{Ⅱ}$	$m_{Ⅲ}$	$m_{Ⅳ}$	α	*WCR*	Pur_{glu}/%	glu	fru
a	SMB	0.752	0.391	0.682	0.383	—	1.44	72.37	1695	647
b	SSMB	0.763	0.252	0.643	0.298	0.22	1.44	80.98	808	190
c	SMB	0.868	0.354	0.585	0.231	—	3.18	90	1422	158
d	SSMB	0.827	0.280	0.589	0.250	0.28	1.99	90	574	64

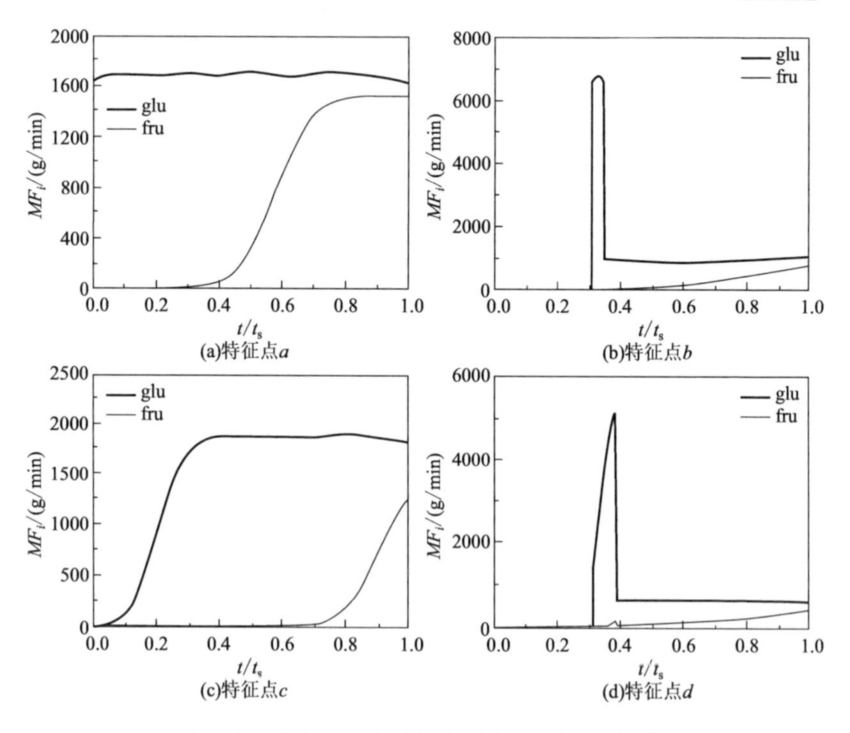

图 4-8　表 4-6 中四个特征点所对应的 *MF* 曲线

可以得出，对于 SMB 和 SSMB 过程，WCR 与 m 值之间的关系：

$$WCR=\frac{m_{\mathrm{I}}-m_{\mathrm{IV}}}{m_{\mathrm{III}}-m_{\mathrm{II}}} \tag{4-32}$$

表 4-6 中的 m 值表明，与相同纯度的 SMB 相比，SSMB 水耗更低的原因是 m_{I} 和 m_{II} 的降低。图 4-9 在葡萄糖纯度低于 95％的范围内，也给出了同样的结论。在 Pur_{glu} 高于 95％的范围内，与 SMB 相比，较高的 m_{III} 和 m_{IV} 值成为 SSMB 水耗降低的重要因素。

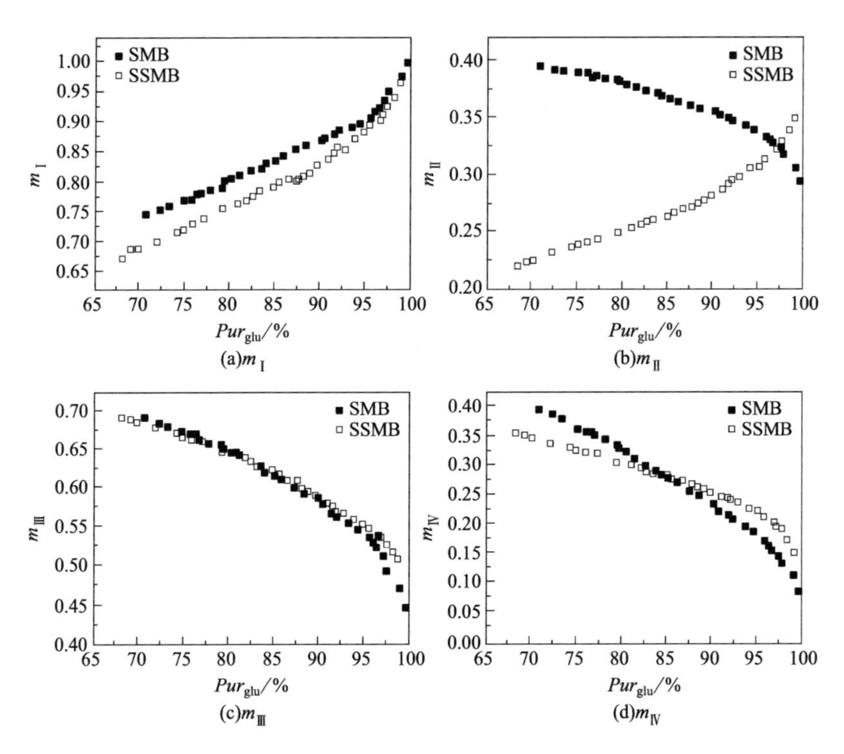

图 4-9　案例 2 中对应的 SMB 和 SSMB 过程的 m 值变化趋势

4.4.3.3 案例 3：在固定单位处理量的情况下以葡萄糖纯度最大化及溶剂消耗最小化为优化目标

在固定单位处理量的情况下进一步研究同时最大化 Pur_{glu} 和最小化 WCR 的优化案例，这样给出的结果将更符合工业生产需求。为此，固定 UT 为 3mL/min，自变量的数量应减少到 3 个。在这项工作中，选择了 $m_{Ⅰ}$、$m_{Ⅱ}$、$m_{Ⅳ}$ 作为优化变量，$m_{Ⅲ}$ 被舍去。

如图 4-10 所示，Pur_{glu} 和 WCR 之间互相冲突的趋势仍然存在。在 Pur_{glu} 大于 90% 的使用范围内，SSMB 的性能明显优于 SMB 工艺。在这种使用固定 UT 的情况下，SSMB 的 WCR 降低会通过葡萄糖收率的降低来补偿。

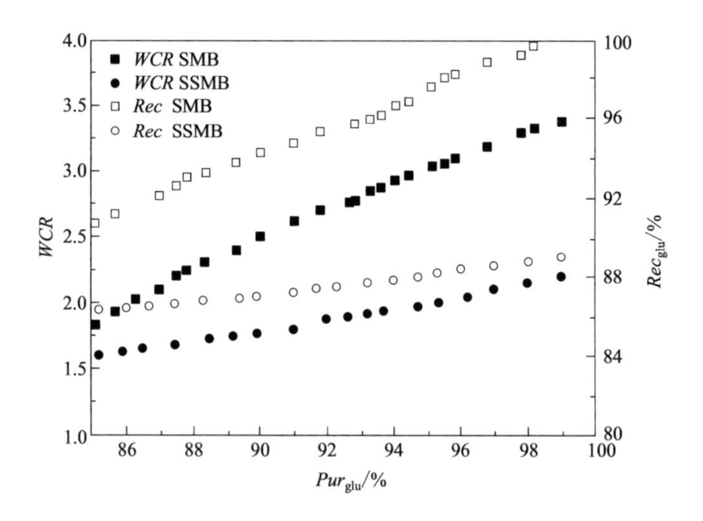

图 4-10 案例 3 中的 SMB 与 SSMB 过程的帕累托解集

图 4-11 比较了两种优化过程的 m 值。根据式(4-19)～式(4-22)以及式(4-27) 和式(4-31)，得出了 $m_{Ⅲ}$ 的表达式。

$$m_{\mathrm{III}}=m_{\mathrm{II}}+\frac{UT(m_{\mathrm{I}}+\alpha m_{\mathrm{II}}-m_{\mathrm{II}})}{\alpha Q_{\max}}+\frac{\varphi UT}{Q_{\max}} \tag{4-33}$$

在 SMB 的过程中，m_{III} 可以表示为 m_{I}、m_{II} 和 UT 的函数，如式(4-33)。图 4-11 表明，在 90%的纯度标准以下，SSMB 的 WCR 降低主要归因于其较低的 m_{II}。随着纯度的增加，WCR 在 SMB 和 SSMB 之间的差异变得更加显著，这是由额外的 m_{I} 值改变的效应引起的。

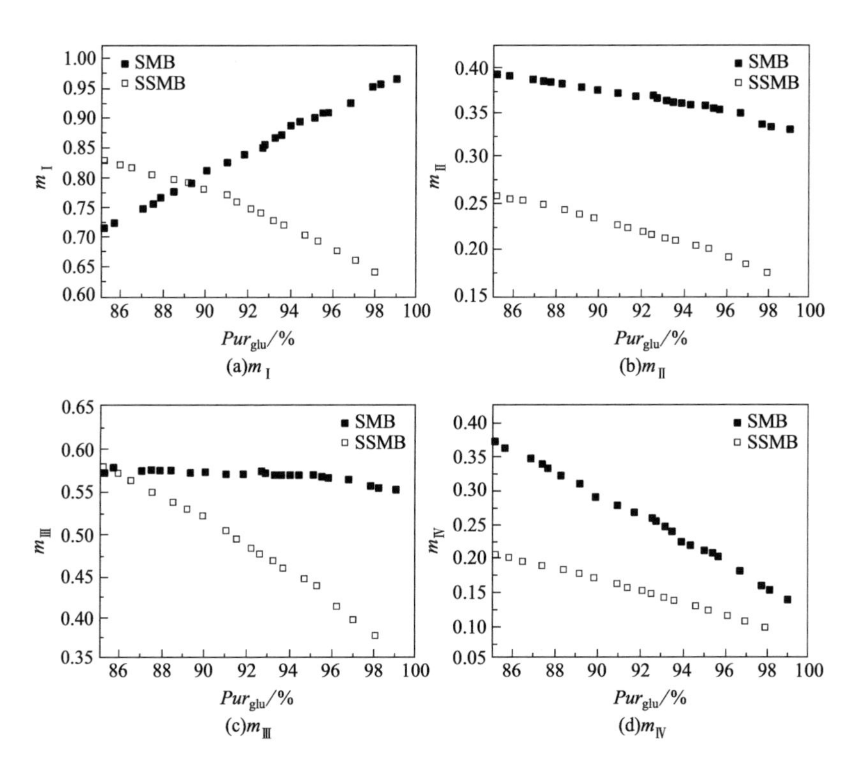

图 4-11 案例 3 中对应的 SMB 和 SSMB 过程的 m 值变化趋势

如图 4-11 所示，虽然针对 SMB 优化的 m 值具有类似于图 4-10的趋势，但针对 SSMB 的 m 值表现出一些显著不同的特征。图 4-12、图 4-13 中提供了与案例 2 和案例 3 的 SSMB 优化

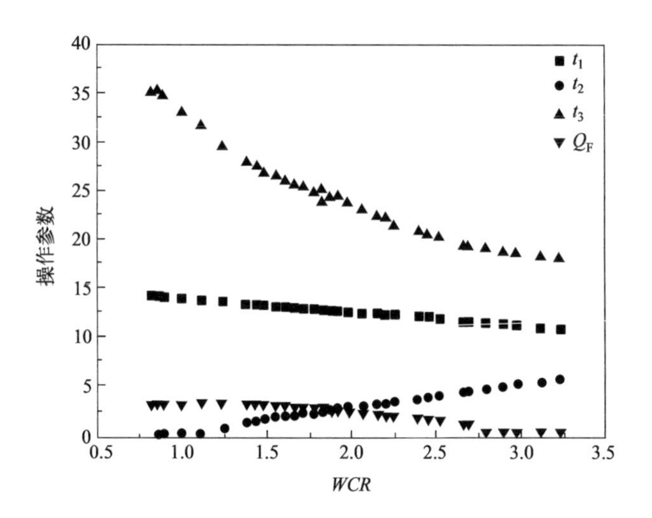

图 4-12　案例 2 SSMB 优化过程对应的操作参数

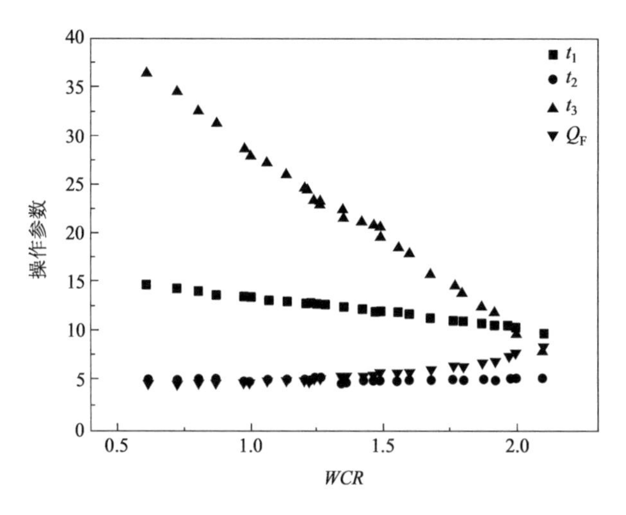

图 4-13　案例 3 SSMB 优化过程对应的操作参数

过程相对应的操作参数变化趋势。在案例 2 中，SSMB 中 WCR 的下降与 Pur_{glu} 的下降主要归因于 $m_{Ⅰ}$ 和 $m_{Ⅱ}$ 的下降。图 4-12 显示，随着 WCR 的降低，t_2 的减少超越了 t_1 的增加带来的影响，根据式(4-20)，直接导致 m_{II} 的减小。然而，m_{I} 减小的原因更为复杂，因为它是由 4 个参数决定的，根据方程式(4-21) 可知，这些参数具有互相矛盾的影响。此外，在案例 3 中，*WCR* 随着纯度的降低而降低主要归因于 m_{III} 和 m_{IV} 的增大。根据式(4-19)，后者（m_{IV}）的增大直接源于 t_1 的增大。前者（m_{III}）同样需要根据式(4-22) 来分析各参数综合作用的结果。

在前文介绍过，由于 SSMB 与传统 SMB 相比具有流型多变性，一次切换内的平均 m 值不能直接用于解释操作参数对多目标优化结果趋势的影响。详细的分析通常涉及相应的操作参数、*MF* 图和内部浓度分布，在此不做过多叙述。

4.4.3.4 案例 4 和案例 5：以葡萄糖收率最大化及溶剂消耗最小化为优化目标

在 4.4.3.3 中，收率被预设为约束条件。在最后两个优化案例中，葡萄糖的收率和水耗比作为主要优化目标。

与案例 2 和案例 3 类似，案例 4 和案例 5 具有相同的目标函数（Rec_{glu}和 *WCR*），但案例 5 对单位处理量有额外的约束（$UT=3\mathrm{mL/min}$）。约束条件设置为两个组分的纯度均大于 90%。为简洁起见，下面仅总结主要结果。

如图 4-14 和图 4-15 所示，无论有无对 *UT* 的约束，两种分离过程都得到了较好的帕累托解集，并且 SSMB 的结果明显优于 SMB。当 *UT* 固定后，SSMB 的优越性就更加明显了。m 值的比较如图 4-16 和图 4-17。在案例 4 中，当收率低于 95%时，SSMB 与 SMB 相比 *WCR* 较低，主要归因于 m_{II}值的减小。当收率高于 95%时，水耗的降低源于 m_{I} 减小、m_{III} 增大和 m_{IV} 增大的综合影响。在案例 5 中，*UT* 固定为 3mL/min 时，当 Rec_{glu} 小于 90%时，SSMB 的 *WCR* 较低是由于 m_{II} 的减小和 m_{III} 的增大。在较高的收率范围内（Rec_{glu}大于 90%），较低的 m_{I} 和较高的 m_{III} 成为主导因

素。在案例 4 的情况下，SSMB 的 *WCR* 降低会用较低的 *UT* 进行补偿（图 4-14）。在案例 5 中，*UT* 固定的情况下，SSMB 的 *WCR* 降低则以牺牲一部分葡萄糖的纯度为代价（图 4-15）。

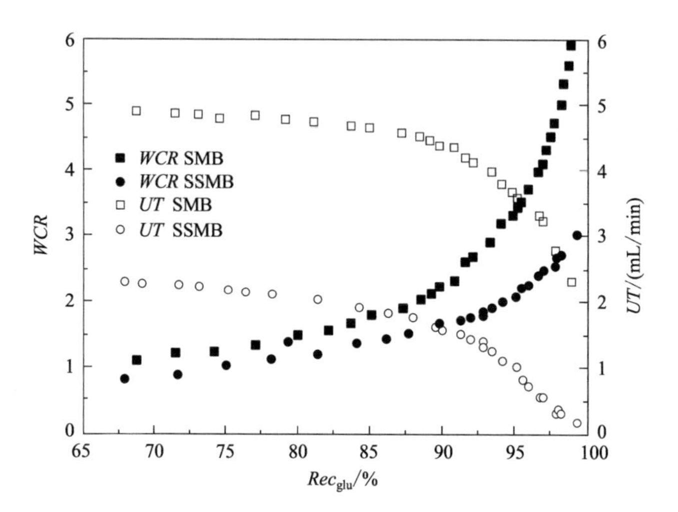

图 4-14　案例 4 中的 SMB 与 SSMB 过程的帕累托解集

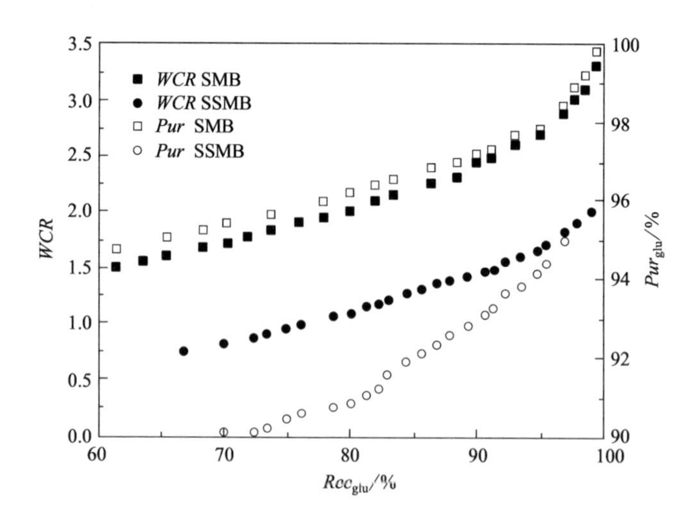

图 4-15　案例 5 中的 SMB 与 SSMB 过程的帕累托解集

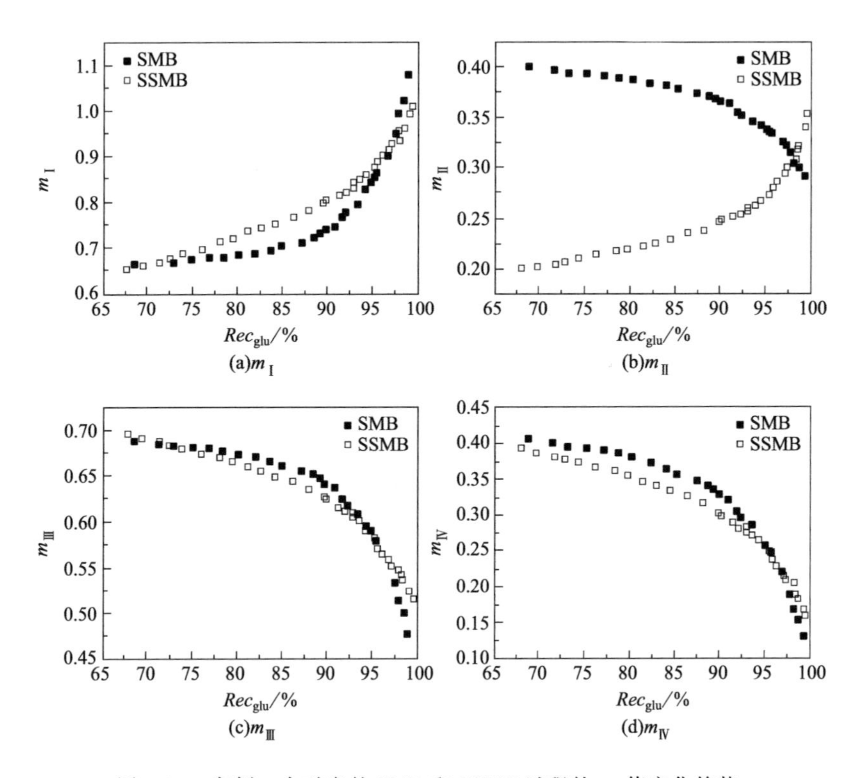

图 4-16　案例 4 中对应的 SMB 和 SSMB 过程的 m 值变化趋势

综上所述，本章中为了给 SSMB 分离果葡糖浆工艺的产业化开发和运行提供理论指导，在单独优化的条件下与传统 4 柱 SMB 过程进行了对比。总共考虑了 5 个具有不同目标和约束的多目标优化案例。

同时最大化单位处理量和葡萄糖纯度，这是 SMB 分离中研究最广泛的多目标优化问题，不考虑水耗时，传统 SMB 比 SSMB 具有更好的性能。由于水耗比是工业葡萄糖-果糖分离中的一个重要问题，所以接着又同时优化了葡萄糖纯度、水耗，收率、水耗。这种情况下，SSMB 比 SMB 分离效果好。然而，这种优势通常通过减少单位处理量来实现。在单位处理量固定的情

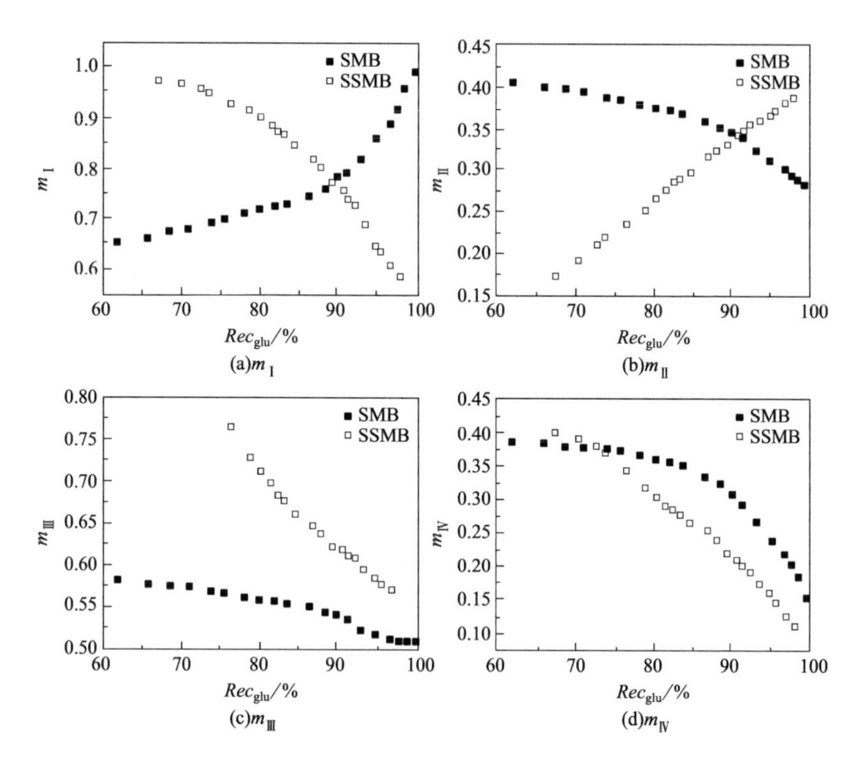

图 4-17　案例 5 中对应的 SMB 和 SSMB 过程的 m 值变化趋势

况下，SSMB 可以在较低的水耗比下满足相应的纯度要求，这是以收率的减少来实现的；同样，在收率固定的情况下，也可以通过适当地降低纯度来达到较低的水耗比。

无量纲流量比（m）、质量流量（MF）图和内部浓度曲线用于解释优化结果的变化趋势。一方面，从工艺的角度来看，与传统 SMB 相比，SSMB 具有较高的流动相利用率，因为大部分浓度的传递和分布是在子步骤 1 中实现的，此阶段具有连续性的内部循环且没有外部流股流入；另一方面，在一个或两个子步骤中没有流动相流动的Ⅱ区和Ⅳ区中的固定相，没有像在 SMB 单元中那样被充分利用。上述水耗与其他性能参数之间的权衡行为归因于 SSMB 的高流动相效用和低固定相效用的综合效应。

对于 SMB 和 SSMB 过程，水耗可以用同一个与 m 值有关的函数来表示。虽然优化后的 SSMB 通常比 SMB 具有较低的水耗，但这些 m 值的作用不仅随着其他目标的选择而变化，而且还随着其他目标的范围而变化。

对于本工作中考虑的所有多目标优化问题，SSMB 的帕累托解对应的一些 m 值的趋势可能与传统 SMB 的趋势相反。对此类结果的详细分析已在第 3 章详细介绍。

在所有优化过程中，通常选择两个性能参数定义为最终目标，所呈现的结果显然表明存在更多目标的优化问题的帕累托解决方案。此外，优化问题的定义主要集中在葡萄糖上，而葡萄糖和果糖都是工业过程中的理想产品。具有更多的优化目标并考虑果糖的多目标优化问题将在未来的研究中进行。

总之，本章主要介绍了基于果葡糖浆分离过程的 SMB 和 SSMB 工艺，并从过程模拟和多目标优化方面对其进行了详细的对比。整个模拟过程使用了线性吸附等温线模型和平衡扩散模型，各优化方案同时从经济性和产品性能等方面考虑了葡萄糖纯度、收率、水耗比、单位处理量等优化目标，使用了 NSGA-Ⅱ进行最优解的搜索和筛选。整体工作为 SMB 领域的技术改型和分离应用提供了极大的参考价值和技术支撑。

第5章
顺序式模拟移动床的耦合过程

5.1 未来发展方向

在前文的叙述中，基于 XOS、果葡糖浆体系完成了一系列的分离及优化工作，但是目前只关注了二元体系的分离过程。由于与 XOS 类似的体系非常多，通常结构复杂，含有多种结构相近、分离度较低的组分，因此未来应该适当设计和完成多组分对应的多目标优化，这将可能提供更准确的 SSMB 单元的最佳运行条件，为工业上提供更高效的指导。此外，未来可以使用传统的 SMB 工艺进行 XOS 分离，结果也可以用来与 SSMB 的结果进行比较，这将为两种分离技术提供更好的理解。

由于 SSMB 工艺在这项工作中比 SMB 具有一些更明显的优势，并且文献中没有研究人员报道关于 SSMB 的工业应用，未来应该探索和研究更多关于 SSMB 工艺的工业应用。

此外，SSMB 还有一个重要的发展方向就是与其他上下游的反应、分离、纯化过程进行耦合，以实现生产的连续性和高效性。本章中将介绍 SSMB 与结晶过程的耦合技术。

5.2 SSMB与结晶过程的耦合

顺序式模拟移动床技术与结晶过程耦合的概念是指将通过SSMB色谱法得到的部分富集溶液引入冷却结晶器中，得到纯度更高的晶体。Lim首先提出并应用SMB色谱和选择性结晶耦合技术来提纯吡喹酮[60]。Lorenz等通过分别设计两个过程来分析耦合过程的效率[61]。Ströhlein等提出了最优耦合过程的设计方法[62]。Amanullah等在Tröger的基础系统中使用并优化了这一过程[63]。Kaspereit采用一种快捷方法评估了耦合过程的性能[64]。Gedicke研究了该工艺用于立体异构体分离的设计和可行性[65]。最近，Kaemmerer对消旋比卡鲁胺采用了耦合工艺进行纯化[66]。

可见，此类耦合过程是一种有效的分离方法，尤其适用于经济附加值高的体系或者对产品晶型有要求的体系。SSMB可以有效地减少溶剂的消耗和降低对于固定相的需求，同时很容易地得到富集溶液，与下游的结晶工艺相结合，可以经济地获得高纯度和高收率的产品。

顺序式模拟移动床与结晶过程耦合装置（图5-1）主要包含以下几个部分：分离纯化系统（包括顺序式模拟移动床）、第一结晶装置、第二结晶装置和水浴控温装置。顺序式模拟移动床的萃取液出口端与第一结晶装置的进液口流体导通，顺序式模拟移动床的萃余液出口端与第二结晶装置的进液口流体导通；第一结晶装置和第二结晶装置的结晶母液回收部均与顺序式模拟移动床的进料液入口端流体导通；水浴控温装置分别控制第一结晶装置和第二结晶装置的结晶温度。此工艺可以降低对顺序式模拟移动床分离纯度的要求，避免进行大量的实验来摸索操作条件，节约人力、物力。

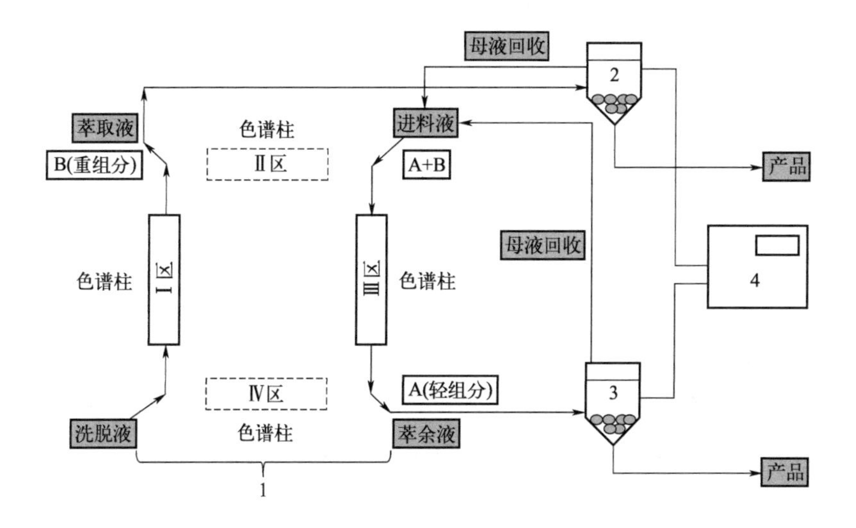

图 5-1 顺序式模拟移动床与结晶过程耦合装置

1—分离纯化系统；2—第一结晶装置；

3—第二结晶装置；4—水浴控温装置

5.3 结晶过程

5.3.1 溶解度、介稳区宽度和过饱和度

从溶液中结晶是化学工程学科中最经典的单元操作之一，其作为固液分离纯化工艺，广泛应用于制药、食品、精细化学品和农业等行业。此外，该工艺可以控制最终产品的性能，如尺寸、形状和晶体质量，特别适用于制药工业。结晶操作可采用冷却、蒸发、加入抗溶剂、反应或等电沉淀等方法，分为间歇法和连续法。本节将主要介绍冷却间歇结晶技术。

结晶的基本驱动力是给定物质在溶液中的化学势与晶体中的化学势之差。化学势是物质的摩尔吉布斯自由能，是对物质势能的度量，定义为：

$$\mu=\mu^{\ominus}+RT\ln a \tag{5-1}$$

式中，$\mu^{\ominus}$为标准化学势；R 为通用气体常数；T 为热力学温度；a 为某组分的活度。对于二元溶液的结晶，化学电位差是：

$$\Delta\mu=RT\ln\left(\frac{a}{a^{*}}\right)=RT\ln S_{\mathrm{s}} \tag{5-2}$$

$$S_{\mathrm{s}}=\mathrm{e}^{\frac{\Delta u}{RT}} \tag{5-3}$$

式中，a^* 为饱和度活性；S_s 为基本过饱和度。因此，认为过饱和度是结晶过程中新的晶核的成核、生长、团聚和破碎的驱动力，并且过饱和度也是主要的研究晶型的多态性，以及晶粒尺寸分布的影响因素。

过饱和溶液是指在不稳定条件下溶质浓度大于溶质溶解度的溶液。过饱和态可以在结晶器中通过冷却、蒸发、加入抗溶剂、反应或等电沉淀法产生。冷却方法是通过降低溶解度来产生过饱和的一种最经济的方法。但这种方法的前提是溶质的溶解度应该是温度的强函数，即溶解度随温度的变化较大。本书将这种结晶命名为冷却结晶，对其进行研究。过饱和度由相同温度下溶液浓度与溶解度（c^*）之差（$\Delta c=c-c^*$）决定，或由两种浓度之比 $S_s=c/c^*$ 决定。

溶解度是指饱和溶液的浓度与溶质达到平衡，在一定的温度和压力下不能再溶解更多的溶质。溶解度曲线作为最重要的热力学因素，用来确定结晶的起始点和终点。

溶液过饱和时处于不稳定状态。但只有当过饱和程度足够高时，才会发生自发性的成核。因此，不发生自发成核的过饱和度的最大值称为介稳极限，溶解度曲线与介稳极限之差称为介稳区宽度（metastable zone width，MSZW）。溶解度曲线（图 5-2）

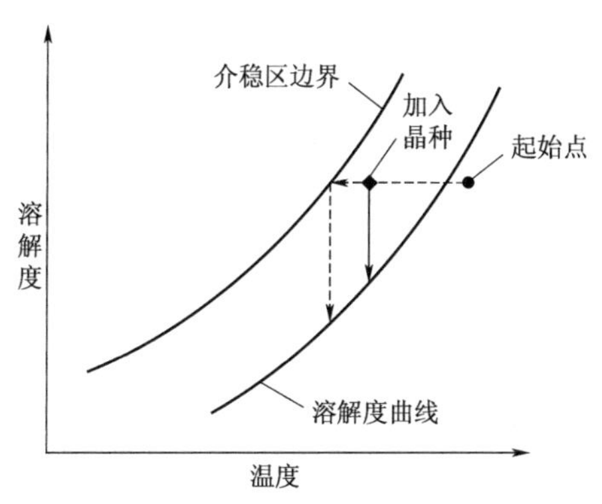

图 5-2 溶解度曲线：未添加晶种的结晶（虚线）和有晶种的结晶过程（点线）

由一系列“特定点”组成，在这些点上，悬浮固体物质从溶液中消失。图5-2中的介稳区边界是由一系列点组成的介稳态极限曲线，在此曲线上，可以第一次观察到晶核的生成。

准确测量溶解度、介稳区宽度（MSZW）和过饱和度对结晶过程的设计、操作和控制至关重要。测定溶解度曲线的方法有多种。多热法测量的是增加的溶质溶解在溶液中的温度；等温法通过反复向已知的溶液组分中加入少量新的溶剂，并不断地搅拌，直到溶液在等温条件下变为均相，以此来确定溶质的溶解度。溶解度的测定只能通过差示扫描量热法（differential scanning calorimetry，DSC)，根据溶质在溶剂中溶解时热量的释放或吸收的检测来完成。溶解度也可以通过线下方法（如高效液相色谱法和重量法）或在线方法（如密度计和电导率计）测量溶质过量的溶液中上清液的浓度来确定。近年来，衰减全反射傅里叶变换红外光谱（ATR-FTIR）已成为一种用于溶解度测量的原位工具。ATR-FTIR可以通过测量全内反射红外光束衰减的倏逝波与样品接触时的变化来监测液体浓度。由于倏逝波穿透深度较小，溶质对溶液ATR红外光谱的干扰很小或不干扰，因此即使有固相存在，液相中的溶质浓度也可以通过ATR-FTIR测定。除实验测量外，还可以通过模型来预测溶解度。

MSZW对应于最大过饱和度的边界，通常受混合程度、冷却速率和杂质的影响。通过降温来冷却已知浓度的过饱和溶液，直到出现第一个晶核，此时可以精确地测得MSZW。具体的测量技术有很多，聚焦光束反射测量仪（focused beam reflectance measurement，FBRM）通常用于检测成核的发生。FBRM的原理是通过旋转聚焦激光束测量探头窗口前粒子的弦长分布(chord length distribution，CLD)。ATR-FTIR与FBRM的耦合技术不仅可用于测定溶解度和MSZW，还可用于确定过饱和程度。该技术被证实是监测晶化过程中晶型转变和晶粒尺寸的有效方法。

5.3.2 结晶过程中的成核和生长

在结晶过程中，晶体的成核和生长都是由过饱和度引起的。成核是指均相溶液中晶核产生的现象。一次成核发生在没有晶体的过饱和溶液中，即总是发生在不加晶种的成核过程中；二次成核是由过饱和溶液中晶体的存在引起的。在成核之后，当晶体尺寸增大时，晶体立即开始生长。然后对于溶液中的过饱和度，晶体的生长与成核互相竞争消耗，直到溶液浓度在一定温度下达到溶质的溶解度。这些阶段对最终晶体的性质，如晶体尺寸、晶体形状和晶体粒度分布（crystal size distribution，CSD）等起着至关重要的作用。然而，由于导致成核的团簇临界尺寸太小，目前的技术还无法测量，故对成核动力学的理论机理研究尚不透彻。因此，溶液中的成核动力学可以用经验方法表征。生长过程的研究比成核过程的研究容易一些，已发表的文献对生长理论有一个很好的论述。理想的最终产品是晶体尺寸均匀、CSD较窄的产品，这些都需要通过控制过饱和度、成核和生长过程来实现。目前，这两个阶段可以通过原位技术进行检测，如FBRM、粒子视觉与测量技术（particle vision and measurement，PVM）和过程视频成像技术（process video imaging，PVI）。

5.3.3 结晶过程的数学模型

结晶过程也可以用数学模型进行描述。冷却结晶器可以认为是一种完美的等体积混合间歇结晶器，忽略晶体的破碎和团聚现象。与尺寸无关的生长速率的种群平衡方程（population balance equation，PBE）[式(5-4)] 和连续相溶质浓度的质量平衡方程[式(5-5)]是模型的主要方程。

$$\frac{\partial n(L,t)}{\partial t}+G(t)\frac{\partial n(L,t)}{\partial L}=0 \tag{5-4}$$

$$\frac{\mathrm{d}c(t)}{\mathrm{d}t}=-\rho_c k_v \frac{\mathrm{d}m_3(t)}{\mathrm{d}t}=-3\rho_c k_v G(t)m_2(t) \tag{5-5}$$

式中，n 为种群密度；G 为与尺寸无关的晶体生长速率；L 为晶体长度；c 为溶质浓度；ρ_c 为晶体密度；k_v 为体积形状因子；m_i 为晶体粒度分布的第 i 个矩，表达式如下：

$$m_i(t)=\int_0^{\infty} n(L,t)L^i\mathrm{d}L \tag{5-6}$$

式中，$n(L,t)$为种群密度。

5.3.3.1 无晶种的间歇结晶过程

在无晶种的间歇冷却结晶器中，成核在生长过程中占主导地位。初次成核发生在特定温度下的单相溶液中，当溶液的过饱和度超过了介稳区极限，就会导致大量晶核的产生。单位质量溶剂的一次成核率可以用经验表达式表示为：

$$B(t)=k_b\Delta c(t)^b \tag{5-7}$$

常用于无晶种结晶器。二次成核在一次成核之后开始，这将在 5.3.3.2 节中讨论。二次成核伴随着原子核的尺寸增大。与尺寸无关的晶体生长速率定义为：

$$G(t)=k_g\Delta c(t)^g \tag{5-8}$$

式中，B 为成核速率；b 为成核阶数；G 为与尺寸无关的晶体生长速率；g 为生长阶数；k_b、k_g 分别为成核系数和生长速率系数与温度的函数关系。

$$k_b=k_{b0}\exp\left(\frac{-E_b}{RT}\right) \tag{5-9}$$

$$k_g = k_{g0} \exp\left(\frac{-E_g}{RT}\right) \tag{5-10}$$

式中，k_{b0} 为频率因子；E_b 为成核活化能；k_{g0} 为生长频率因子；E_g 为生长活化能。这里，过饱和的定义为：

$$\Delta c = c - c^* \tag{5-11}$$

式中，c 为结晶模型计算的溶液浓度；c^* 为溶质的溶解度，是温度的函数。在间歇冷却结晶器中，温度是时间的函数。

无晶种结晶的初始条件和边界条件为：

$$c(0) = c_0 \tag{5-12}$$

$$T(0) = T_0 \tag{5-13}$$

$$n(0,t) = n^0 = \left.\frac{B(t)}{G(t)}\right|_{L=0} \tag{5-14}$$

$$n(L,0) = 0 \tag{5-15}$$

式中，c_0 为初始浓度；T_0 为初始温度；n^0 和 $n(L,0)$ 是种群密度的边界条件和初始条件。

在无晶种结晶器中，晶体成核和生长的动力学，以及最终晶体质量，取决于初始饱和溶液的浓度和冷却速率。无晶种结晶器并不是工业上常用的间歇冷却结晶方法，因为当成核作为主导步骤时，会导致晶体粒度分布变宽、晶粒尺寸较小。与无晶种结晶器相比，加晶种的结晶过程在一定的操作条件下可以避免这些缺点，所以工业上通常选取后者。

5.3.3.2 加晶种的间歇结晶过程

在加晶种的间歇结晶过程中，由于溶液中已经有晶体存在，所以二次成核在此过程中占主导地位。二次成核速率可表示为：

$$B(t) = k_b M_T \Delta c(t)^b \tag{5-16}$$

M_T 被称为浆液或悬浮液密度，可以通过下式计算。

$$M_T = \rho_c k_v m_3 \tag{5-17}$$

由式(5-8)可以看出，只有在固相存在的情况下，加晶种的晶体生长速率与无晶种的晶体生长速率相同。

初始条件和边界条件如下：

$$c(0)=c_0 \tag{5-18}$$

$$T(0)=T_0 \tag{5-19}$$

$$n(0,t)=n^0=\left.\frac{B(t)}{G(t)}\right|_{L=0} \tag{5-20}$$

$$n(L,0)=\begin{cases} a_0(L_{max}-L)(L-L_{min}) & L_{min}<L<L_{max} \\ 0 & L\leqslant L_{min}\text{或}L\geqslant L_{max} \end{cases} \tag{5-21}$$

式中，a_0 是晶种基于均匀晶体形状的抛物线分布的系，可以由质量平衡决定；L_{max}和L_{min}是晶种的最大和最小尺寸。

为了求解 PBE，将偏微分方程离散化，然后将其转化为一组常微分方程（ordinary differential equation，ODE）。常微分方程组可以使用 Matlab™ 中的 ode15s 函数来解决这些初值问题(initial value problems，IVP)。

所期望的最终产品的特征，是晶体粒度分布较窄，即晶体分布比较集中，且晶体尺寸比较大。这些都可以通过抑制二次成核和提高结晶器中晶体的生长速度来诱导。在间歇冷却结晶中，可以采用以下方法来获得所需的最终产品。一种方法是优化冷却速度或冷却程序。许多研究者证明，在刚发生成核和晶体生长的阶段，冷却速度应该是缓慢的，而当固体表面积增加时，冷却速度应该是加快的。另一种方法是控制晶种的加入和尺寸。结晶器应在成核发生前加入晶种，以抑制成核过程。一方面，较大的晶种量可能会导致成核减少，晶体生长速率增加；另一方面，较小的晶种尺寸可能导致单位质量表面积的增加，此时晶体的生长是结晶的主导过程。

5.3.4 直接结晶过程

直接结晶过程可以实现高纯度和低能耗。然而，结晶分离的主要缺点是对体系的溶解度和初始富集溶液的要求。这意味着采用结晶方法虽然可以保证高纯度和高收率，但是只适用于一些共晶点相近的化合物，而且要注意结晶条件的摸索和控制，简单的结晶装置如图 5-3 所示。

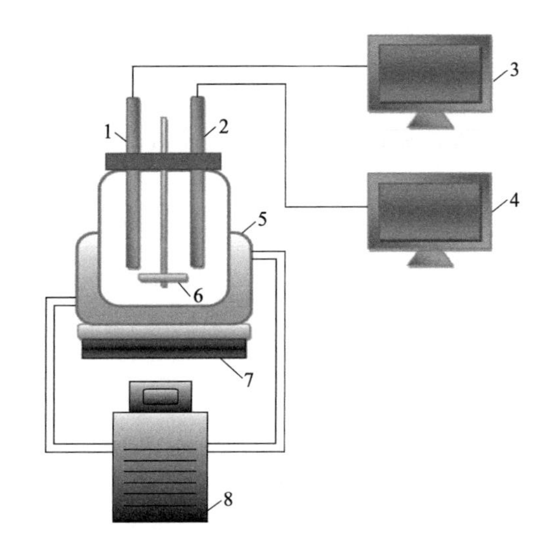

图 5-3 结晶装置

1—ATR-FTIR；2—FBRM；3—ATR-FTIR 显示器；4—FBRM 显示器；
5—带有双层夹套的 200mL 玻璃结晶器；6—磁力搅拌棒；
7—电磁搅拌器；8—水浴循环器

参 考 文 献

[1] Rajendran A，Paredes G，Mazzotti M. Simulated moving bed chromatography for the separation of enantiomers [J]. Journal of Chromatography A，2009，1216 (4)：709-738.

[2] Wankat P C. Large-scale adsorption and chromatography [M]. BocaRaton：CRC-Press，1986.

[3] Juza M，Mazzotti M，Morbidelli M. Simulated moving-bed chromatography and its application to chiro technology [J]. Trends Biotechnol.，2000，18：108-118.

[4] Mazzotti M. Equilibrium theory based design of simulated moving bed processes for a generalized Langmuir isotherm [J]. J Chromatogr A，2006，1126 (1-2)：311-322.

[5] Ludemann-Hombourger O，Nicoud R M，Bailly M. The "VARICOL" process：a new multi column continuous chromatographic process [J]. Sep Sci Technol，2000，35 (12)：1829-1862.

[6] Zhang Z Y，Hidajat K，Ray A K. Multi objective optimization of SMB and Varicol process for chiral separation [J]. AIChE Journal，2002，48 (12)：2800-2816.

[7] Subramani H J，Hidajat K，Ray A K. Optimization of simulated moving bed and Varicol processes for glucose-fructose separation [J]. Trans IChemE，2003，81 (A5)：549-567.

[8] Pais L S，Rodrigues A E. Design of simulated moving bed and Varicol processes for preparative separations with a low number of columns [J]. Journal of Chromatography A，2003，1006 (1-2)：33-44.

[9] Yu W F，Hidajat K，Ray A K. Optimization of reactive simulated moving bed and Varicol systems for hydrolysis of methylacetate [J]. Chemical Engineering Journal，2005，112 (1-3)：57-72.

[10] Yao C Y，Tang S K，Yao H M，et al. Study on the number of decision variables in design and optimization of Varicol process [J]. Computers and Chemical Engineer-

ing, 2014, 68: 114-122.

[11] Gong R J, Lin X J, Li P, et al. Experiment and modeling for the separation of guaifenesin enantiomers using simulated moving bed and Varicol units [J]. Journal of Chromatography A , 2014, 1363: 242-249.

[12] Kloppenburg E, Gilles E D. A new concept for operating simulated moving-bed process [J]. Chem Eng Technol, 1999, 22 (10): 813-817.

[13] Ziomek G, Antos D. Stochastic optimization of simulated moving bed process: sensitivity analysis for isocratic and gradient operation [J]. Comput Chem Eng, 2005, 29 (7): 1577-1589.

[14] Nam H G, Jo S H, Park C, et al. Experimental validation of the solvent-gradient simulated moving bed process for optimal separation of phenylalanine and tryptophan [J]. Process Biochem. , 2012, 47 (3): 401-409.

[15] Jiang C, Huang F, Wei F. A pseudo three-zone simulated moving bed with solvent gradient for quaternary separations [J]. J Chromatogr A, 2014, 1334: 87-91.

[16] Migliorini C, Wendlinger M, Mazzotti M, et al. Temperature gradient operation of a simulated moving bed unit [J]. Ind Eng Chem Res, 2001, 40 (12): 2606-2617.

[17] Kim J K, Abunasser N, Wankat P C, et al. Thermally assisted simulated moving bed systems [J]. Adsorption, 2005, 11 (1): 579-584.

[18] Xu J, Liu Y M, Xu G Q, et al. Analysis of a nonisothermal simulated moving-bed reactor [J]. AIChEJ. 2013, 59 (12): 4705-4714.

[19] Long N Y D, Le T H, Kim J, et al. Separation of D-psicose and D-fructose using simulated moving bed chromatography [J] . J Sep Sci, 2009, 32 (11): 1987-1995.

[20] Vankova K, Gramblicka M, Polakovic M. Single-component and binary adsorption equilibria of fructo-oligosaccharides, glucose, fructose, and sucrose on a Ca-form cation exchanger [J] . Journal of Chemical & Engineering Data, 2010, 55: 405-410.

[21] Vankova K, Polakovic M. Design of fructo-oligosaccharide separation using simulated moving bed chromatography [J] . Chem. Eng. Technol. , 2012, 35 (1): 161-168.

[22] Wisniewski L, Pereira C S M, Polakovic M, et al. Chromatographic separation of

prebiotic oligosaccharides. Case study: separation of galacto-oligosaccharides on a cation exchanger [J]. Adsorption, 2014 (20): 483-492.

[23] Jandera P, Buncekova S, Mihlbachler K, et al. Fitting adsorption isotherms to the distribution data determined using packed micro-columns for high-performance liquid chromatography [J]. Journal of Chromatography A, 2001, 925 (1-2): 19-29.

[24] Skavrada M, Jandera P, Cherrak D E, et al. Adsorption isotherms and retention behavior of 1, 1-bis(2-naphthol) on CHIRIS AD1 and CHIRIS AD2 columns [J]. Journal of Chromatography A, 2003, 1016 (2): 143-154.

[25] Wang X, Ching C B. Determination of the competitive adsorption isotherms of nadolol enantiomers by an improved h-root method [J]. Ind Eng Chem Res, 2003, 42 (24): 6171-6180.

[26] da Silva Jr I J, Garcia dos Santos M A, deVeredas V, et al. Experimental determination of chromatographic separation parameters of ketamine enantiomers on MCTA [J]. Separation and Purification Technology, 2005, 43 (2): 103-110.

[27] Zhang Y, Hidajat K, Ray A K. Determination of competitive adsorption isotherm parameters of pindolol enantiomers on α1-acidglyco protein chiral stationary phase [J]. Journal of Chromatography A, 2006, 1131 (1-2): 176-184.

[28] Xu J, Zhu L, Xu G Q, et al. Determination of competitive adsorption isotherm of enantiomers on preparative chromatographic columns using inverse method [J]. Journal of Chromatography A, 2013, 1273: 49-56.

[29] Felinger A, Zhou D M, Guiochon G. Determination of the single component and competitive adsorption isotherms of the 1-indanol enantiomers by the inverse method [J]. Journal of Chromatography A, 2003, 1005 (1-2): 35-49.

[30] Guiochon G, Golshan-Shirazi S, Katti A. Fundamentals of preparative and nonlinear chromatography [M]. Boston: Academic Press, 1994.

[31] Guiochon G, Lin B. Modeling for preparative chromatography [M]. London: Academic Press, 2003.

[32] Ruthven D M. Principles of adsorption and adsorption processes [M]. NewYork: John Wiley&Sons, 1984.

[33] Seidel-Morgenstern A, Heuer C, Hugo P. Experimental investigation and modelling of closed-loop recycling in preparative chromatography [J]. Chem Eng Sci, 1995, 50 (7): 1115-1127.

[34] Schmidt-Traub H. Preparative chromatography [M]. Weinheim: WILEY-VCH, 2005.

[35] Lapidus L, Amundson N R. A descriptive theory of leaching: Mathematics of adsorption beds [J]. J Phys Chem, 1952, 56: 984-988.

[36] Van Deemter J J, Zuiderweg F J, Klinkenberg A. Longitudinal diffusion and resistance to mass transfer as causes of non ideality in chromatography [J]. Chem Eng Sci, 1956 (5): 271-289.

[37] Zhang Y, Hidajata K, Ray A K. Multi-objective optimization of simulated moving bed and Varicol processes for enantio-separation of racemic pindolol [J]. Separation and Purification Technology, 2009, 65 (3): 311-321.

[38] Ahmad T, Guiochon G. Numerical determination of the adsorption isotherms of tryptophan at different temperatures and mobile phase compositions [J]. Journal of Chromatography A, 2007, 1142 (2): 148-163.

[39] Yu W F, Hidajat K, Ray A K. Determination of adsorption and kinetic parameters for methyl acetate esterification and hydrolysis reaction catalyzed by Amberlyst15 [J]. Applied Catalysis A, 2004, 260 (2): 191-205.

[40] Mao S M, Zhang Y, Rohani S, et al. Chromatographic resolution and isotherm determination of (R, S)-mandelic acid on Chiralcel-OD column [J]. J Sep Sci, 2012, 35 (17): 2273-2281.

[41] Xu J, Jiang X X, Guo J H, et al. Competitive adsorption equilibrium model with continuous temperature dependent parameters for naringenin enantiomers on Chiralpak AD column [J]. Journal of Chromatography A, 2015, 1422: 163-169.

[42] Li H, Jiang X X, Xu W, et al. Numerical determination of non-Langmuirian adsorption isotherms of ibuprofen enantiomers on Chiralcel OD column using ultraviolet-circular dichroismdual detector [J]. Journal of Chromatography A, 2016, 1435: 92-99.

[43] Jiang X X, Zhu L, Yu B, et al. Analyses of simulated moving bed with internal temperature gradients for binary separation of ketoprofen enantiomers using multi-objective optimization: Linear equilibria [J]. Journal of Chromatography A,

2018, 1531: 131-142.

[44] Storti G, Mazzotti M, Morbidelli M, et al. Robust design of binary counter current adsorption separation processes [J]. AIChE Journal, 1993, 39 (3): 471-492.

[45] Mazzotti M, Storti G, Morbidelli M. Optimal operation of simulated moving bed units for nonlinear chromatographic separations [J]. Journal of Chromatography A, 1997, 769 (1): 3-24.

[46] Gill P E, Robinson D P. A globally convergent stabilized SQP method [J]. SIAM Journal on Optimization, 2013, 23 (4): 1983-2010.

[47] Shen Y, Fu Q, Zhang D. A systematic simulation and optimization of an industrial-scale p-xylene simulated moving bed process [J]. Separation and Purification Technology, 2018, 191: 48-60.

[48] Shahmoradi A, Khosravi-nikou M R, Aghajani M. Mathematical modeling and optimization of industrial scale ELUXYL simulated moving bed (SMB)[J]. Separation and Purification Technology, 2020, 248: 1-51.

[49] Xie Y, Wu D, Ma Z. Extended Standing Wave Design Method for Simulated Moving Bed Chromatography: Linear Systems [J]. Industrial & Engineering Chemistry Research, 2000, 39 (6): 1993-2005.

[50] Mun S. Optimization of production rate, productivity, and product concentration for a simulated moving bed process aimed atfucose separation using standing-wave-design and genetic algorithm [J]. Journal of Chromatography A, 2018, 1575: 113-121.

[51] Park H, JO C Y, LEE K B. Standing wave design and optimization of a tandem size-exclusion simulated moving bed process for high-throughput recovery of neoagarohexaose from neoagarooligosaccharides [J]. Separation and Purification Technology, 2021, 276 (1): 119039.

[52] Azevedo D C S, Rodrigues A E. Fructose-glucose separation in a SMB pilot unit: Modeling, simulation, design, and operation [J]. AIChE Journal, 2001, 47 (9): 2042-2051.

[53] Minceva M, Rodrigues A E. Two-level optimization of an existing SMB for p-xylene separation [J]. Computers & Chemical Engineering, 2005, 29 (10): 2215-2228.

[54] Rodrigues A E, Pais L S. Design of SMB Chiral Separations Using the Concept of

Separation Volume [J]. Separation Science and Technology, 2005, 39 (2): 245-270.

[55] Meng N, Feng X Y, Wang C F, et al. Study on separation of xylooligosaccharides by simulated moving bed chromatography [J]. Science and Technology of Food Industry, 2011 (10): 310-313.

[56] Yu W F, Hidajat K , Ray A K. Modeling, simulation, and experimental study of asimulated moving bed reactor for the synthesis of methyl acetate ester [J]. Ind Eng Chem Res, 2003, 42 (26): 6743-6754.

[57] Yu H W, Ching C B. Optimization of a simulated moving bed based on an approximated langmuir model [J]. AIChE Journal, 2002, 48 (10): 2240-2246.

[58] Agrawal N, Rangaiaha G P, Ray A K, et al. Design stage optimization of an industrial low-density polyethylene tubular reactor for multiple objectives using NSGA-Ⅱ and its jumping gene adaptations [J]. Chemical Engineering Science, 2007, (62): 2346-2365.

[59] Lee F C, Rangaiah G P, Ray A K. Multi-objective optimization of an industrial penicillin V bioreactor train using non-dominated sorting genetic algorithm [J]. Biotechnology and Bioengineering, 2007, (3): 586-598.

[60] Lim B G. Recovery of (—)-praziquantel from racemic mixtures by continuous chromatography and crystallisation [J]. Chemical Engineering Science, 1995. 50 (14): 2289-2298.

[61] Lorenz H, Sheehan P, Seidel-Morgenstern A. Coupling of simulated moving bed chromatography and fractional crystallisation for efficient enantio separation [J]. Journal of Chromatography A, 2001. 908 (1-2): 201-214.

[62] Ströhlein G, Schulte M, Strube J. Hybrid processes: Design method for optimal coupling of chromatography and crystallization units [J]. Separation Science And Technology, 2003. 38 (14): 3353-3383.

[63] Amanullah M, Abel S, Mazzotti M. Separation of Tröger's Base Enantiomers Through a Combination of Simulated Moving Bed Chromatography and Crystallization [J]. Adsorption, 2005. 11 (1): 893-897.

[64] Kaspereit M. Shortcut method for evaluation and design of a hybrid process for enantioseparations [J]. Journal of Chromatography A, 2005. 1092 (1): 43-54.

[65] Gedicke K. Conceptual design and feasibility study of combining continuous chroma-

tography and crystallization for stereoisomer separations [J]. Chemical Engineering Research and Design, 2007. 85 (7): 928-936.

[66] Kaemmerer H. Study of system thermodynamics and the feasibility of chiral resolution of the polymorphic system of malic acid enantiomers and its partial solid solutions [J]. Crystal Growth and Design, 2009, 9 (4): 1851-1862.